U0195668

70

中国体育科学学会中国建筑学会体育建筑分会 编

新中国 体育建筑 70年

中国建筑工业出版社

《新中国体育建筑 70 年》编写委员会

顾　　问：魏敦山　马国馨　董石麟　崔　恺　梅季魁　黎陀芬　修　龙

　　　　　彭维勇　张家臣　郭明卓　杨嘉丽

主　　编：马国馨

副 主 编：庄惟敏　刘德明　孙一民　钱　锋　梅洪元（按姓氏笔画排序）

编 委 会：王道正　冯　远　汤朔宁　祁　斌　李兴钢　肖　辉　汪奋强

　　　　　张　峥　张立增　张伶伶　陆诗亮　陈晓民　范　重　罗　鹏

　　　　　郑　方　宗　轩　赵　晨　桂　琳　蒋玉辉（按姓氏笔画排序）

主编单位：中国体育科学学会中国建筑学会体育建筑分会

参编单位：北京市建筑设计研究院有限公司

　　　　　中国建筑设计研究院有限公司

　　　　　华建集团上海建筑设计研究院

　　　　　清华大学建筑设计研究院

　　　　　同济大学建筑设计研究院（集团）有限公司

　　　　　华南理工大学建筑设计研究院

　　　　　哈尔滨工业大学建筑设计研究院

　　　　　中国建筑西南设计研究院有限公司

　　　　　广东省建筑设计研究院

　　　　　广州市建筑设计研究院

　　　　　悉地国际设计顾问（深圳）有限公司

撰 序 人：魏敦山　马国馨

序一

光辉的记载

魏敦山

当全国人民正沉浸在欢欣鼓舞、意气风发庆祝中华人民共和国成立70周年的喜庆气氛时，由中国体育科学学会、中国建筑学会体育建筑分会组织统筹，编撰并出版了《新中国体育建筑70年》。她记载了我国广大"老、中、青"三代规划、建筑、结构、机电、体育工艺等设计工作者与建筑施工、建筑材料、建筑机械设备等工程建设者为体育建筑发展的努力奋斗，记录了在全国各省市自治区直辖市，为"奥运会""冬运会""亚运会""全运会"等国内外各类体育赛事的大、中、小型比赛场馆所做贡献的回顾。其中也包括在祖国改革开放时期，接受了一些国外具有先进技术思想的建筑师、工程师们参与和贡献。她总结了我国体育建筑70年发展成就，对探讨未来体育建筑的发展，具有重要与深远的意义。

作为本人来说，多年来参加了体育建筑的设计工作，逐渐形成了"以人为本"，提倡"实用、安全、经济、创新"的设计理念和绿色建造、节能环保等现代先进技术，及发扬体育建筑的艺术美和创造城市历史的时代风格与社会精神美的追求。

这也应是本书的主旨所在。

2019年7月11日

序二

历史的见证

马国馨

　　在新中国70周年大庆的前夕，中国体育科学学会、中国建筑学会体育建筑分会决定出版一册《新中国体育建筑70年》，在各参编单位的大力支持下，经过设计作品的收集和遴选，反映我国各省、市、自治区、直辖市在各类体育设施建设的集大成之作，终于和读者见面了。本书的出版，不仅对于建筑界、体育界是一次重要的梳理回顾和总结，对于国史研究、城市建设、体育的社会化和产业化、大型赛事的改革和发展、全民健身的深入都会具有重要的意义。也将成为70年来重要的历史见证和珍贵档案。

　　本书见证了新中国70年来体育事业的发展和进步。体育事业是反映一个国家和民族健康水准和文化发展的重要方面，是国家社会生活和文明程度的重要体现。过去中国人被称为"东亚病夫"，在世界体坛上默默无闻，如今在毛泽东同志"发展体育运动，增强人民体质"，邓小平同志"提高水平，为国争光"和最近习近平同志"为建设体育强国多做贡献"等重要指示的指引下，体育事业从普及到提高，从竞技体育到全民健身，我国已从只能承办单项国际比赛而一步步发展到可以举办除足球世界杯以外，包括夏季奥运会、亚运会、世界大学生运动会等大型世界性赛事的国家。我国竞技水平不断提高，许多项目也达到或接近世界先进水平，我们正从体育大国向体育强国迈进。此外我国体育人口的大众化，社区健身的社会化和多样化，都显示了体育事业从数量到质量上的巨大变化，而体育建筑的建设成就也从另一个方面见证了这种变化。

　　这本书除了见证体育事业的变化外，更多地见证了体育设施和建筑的进步。众所周知，体育设施是发展体育运动的重要载体，也是竞技体育得以充分展示和表现的主要舞台。纵观新中国

70年，体育建筑正是从无到有，从数量的增长到质量的提升，从知之甚少到与国际接轨，从一般规模到超级巨无霸，从实用简朴到奢华考究……体现了从初创到摸索，从全面发展到快速建设，我们已经形成了门类齐全、配套成熟的各类比赛和训练设施。除各省、市已具备的各类规模的体育场、体育馆、游泳设施等"三大件"外，其他如专用足球、网球赛场、冰上雪上设施、赛车运动、高尔夫、极限运动、水上项目等国际上通用的体育项目，加上我国独特的项目，如武术和少数民族体育项目等，还有蓬勃发展的大、中、小学体育设施，主管部门都制定了相应的规范和设计标准，积累了工程实践的经验，这些都为我国的竞技体育和全民健身提供了重要的物质保证。

　　通过体育建筑也见证了大型赛事的举办，而通过赛事的举办又很好地见证了对于城市基础设施、城市面貌和环境的改善。国内的全运会、大运会、民运会、农运会、城运会以及国际性的各种大型赛事，都促进了举办城市的基础设施建设和生态环境治理。诸如交通设施的建设，气、热、电设施的建设和改造，环境和生态系统建设，信息化建设，以至文化环境的改进，这些涉及城市长期性、全局性的建设，常以赛事为契机，与体育设施的建设同步，加上体育建筑富有个性的造型和建筑处理，常成为城市重要的"名片"和地标建筑，最后都成为城市建设历史上的重要遗产。

　　这本书还见证了我国建筑设计技术和施工技术的不断提升和飞速进步。体育建筑由于使用和比赛规则的需求，在空间、体型以及项目的特殊性，使结构及造型上会出现一些大跨度、高难度的设计条件。仅就体育设施的屋盖结构技术而言，其结构形态从

早期的桁架、刚架、拱、折板等平面形式，发展到壳体、网架、网壳、悬索、张弦等空间形式，进而又发展到复合结构，杂交结构如索桁、索栈、弦支穹顶等结构。屋顶的材料也有钢筋混凝土、金属屋面、复合屋面、膜材料等变化，而屋盖的使用方式也从固定屋盖发展到可开合屋盖，包括平移、折叠、旋转等方式层出不穷。这些新结构形式，新材料的出现，不但对体育建筑的表现力提供了更多的可能性，同时对设计理论、结构技术和施工技术都是极大的挑战。2008年北京奥运会提出了"绿色奥运、科技奥运、人文奥运"三大新理念，又把体育设施的建设提高到了新的水准，随着新技术、新工艺、新材料、新设备的不断出现，中国的体育建筑就是在这种不断地挑战、突破和进步当中，逐步地走向世界先进水准，也成为我国建筑实力的重要体现。

体育建筑的历程还见证了我们设计队伍不断壮大、成熟和专业化的过程。早期我国的体育建筑多由外国人设计，如美国建筑师亨利·墨菲设计的清华和燕京大学体育馆，开尔斯设计的武汉大学体育馆，国民政府时期杨廷宝先生设计了南京中央体育场和北京先农坛体育场，董大酉先生设计了上海江湾体育场和体育馆，新中国成立之后，在杨锡镠先生的北京体育馆、林克明先生的广州体育馆之后，经过出生于20世纪10~20年代的徐尚志、汪定曾、欧阳骖、周治良、葛如亮等前辈，到出生于20世纪30年代的刘振秀、梅季魁、熊明、魏敦山、张家臣、周方中、黎伦芬等大师。经过众多实战的锻炼，体育建筑设计的队伍薪火相传不断壮大，并逐步专业化、精细化、系统化，已经成为建筑师队伍中一支充满活力和创造力的队伍。参与本书编辑的多人正是体育建筑设计的后起之秀，他们承上启下，正在不断推动行业的进步，引领学术的潮流。

本书还见证了我国体育建筑"走出去，请进来"的历程。严格说由于篇幅的限制，这方面还反映的不是很充分。在20世纪我国援助其他发展中国家的工程中，体育建筑占了相当大的比例，例如索马里、贝宁、摩洛哥、肯尼亚、巴基斯坦、叙利亚、刚果（金）等国家的体育场、馆都是在这一阶段建成的，以

至于国际奥委会前主席萨马兰奇曾说："要想看中国最好的体育建筑，请到非洲去。"随着我国改革开放的进程，在体育建筑上的双向交流更加深入和频繁，国外的建筑师进入我国建筑市场，他们和中国建筑师合作的作品起了较好的示范和引领作用，开阔了建筑师的眼界，也促进了我国设计和施工水平的提高，以至在共同竞争的环境中，中国建筑师的原创作品不断取得很好的成绩，并逐步扩大了在国外体育建筑界的影响，如中国建筑师的项目在国际IAKS协会的多次获奖，又如北京市建筑设计研究院有限公司在卡塔尔世界杯足球赛的主体育场设计中，中标结构设计也是一个明显的例证。

作为参与过我国体育建筑设计进程的一位老建筑师，曾为体育建筑的大厦添砖加瓦，略尽自己的微薄之力，同时也为我国体育设施和建筑在70年中的成就感到骄傲和自豪，为我们所取得的每一个进步而欣喜。对于一个人来讲，70年已是古稀之年了，但对方兴未艾的中国体育建筑设计来说，还是充满活力的年轻人，希望在一代代建筑师的接力之下，不断总结经验，吸取教训，持续创新，在社会主义新时代里迈出更坚实的步伐，谱写新的篇章。

2019年6月25日

目录

初创时期的体育建筑

（1949—1965）

Sports Architecture
in Start-up Stage

（1949—1965）

北京体育馆
Beijing Stadium

北京市建筑设计研究院有限公司

项目简介

北京体育馆由贺龙元帅亲自参与指导建设，是新中国第一座大型综合体育馆，包括6000座的比赛馆、2000座的游泳跳水馆和训练馆，于1955年建成。在1959年人民大会堂落成前，还承担了国家大型会议、领导人接见外宾任务。

2007年入选北京优秀近现代保护建筑目录（第一批），2018年入选20世纪中国建筑遗产名录（第三批）。

项目概况

项目名称：北京体育馆

建设地点：北京

建成时间：1955年

设计单位：北京市建筑设计研究院有限公司

结构形式：框架、砖混结构

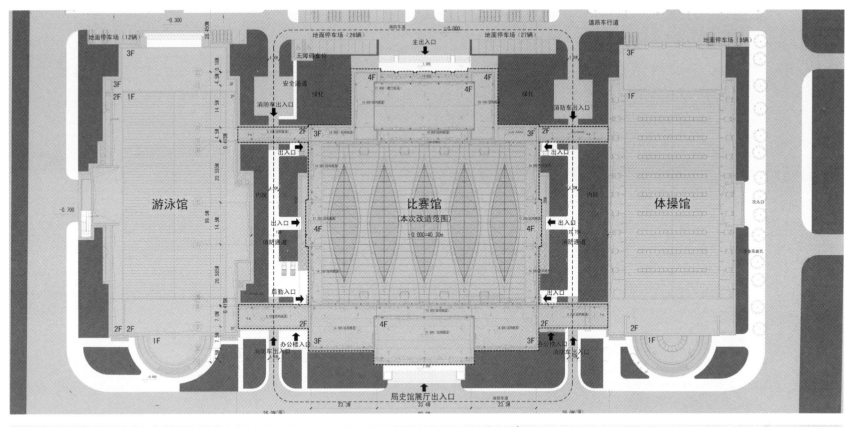

北京体育馆－比赛馆
Beijing Gymnasium-Competition Hall

北京市建筑设计研究院有限公司

项目简介

建成于1955年的比赛馆，为备战2008年奥运会国家队训练需要，2004年进行改造，将比赛馆改造为专业队的集训中心，提供具有多功能适应性的综合训练馆。在保留富有时代特色的原建筑风格基础上，追求现代化、地域化、本土化的契合。改造设计对内部结构和空间进行了全新的设计，体现以人为本的设计理念，同时采用先进设备、环保材料、节能设计降低运行费用。体现了环境、建筑、生态三位一体，整体设计，相互交融的设计理念。

项目概况

项目名称：北京体育馆-比赛馆

建设地点：北京

原建成时间：1955年

改造设计/建成时间：2004年/2006年

建筑面积：28470m²

设计单位：北京市建筑设计研究院有限公司

结构形式：框架-剪力墙结构，砖混加固

北京体育馆－体操馆
Beijing Gymasium-Gymnastic Hall

北京市建筑设计研究院有限公司

项目简介

建成于1955年的训练馆，在保留原有传统建筑风貌不变的前提下，为了满足国家体操队现代化训练要求，2004年改造成体操馆。设计运用现代技术手段加固内部结构，营造舒适的室内空间，达到了在保护中发展的预期目标，展示了新世纪体育建筑的风格。

主体大空间屋顶采用了30m跨钢管桁架结构，形式新颖别致，成为建筑空间的表现语素，丰富了建筑内部空间效果。经过室内气流模拟计算，通风空调系统设计完美解决了体操训练时镁粉污染的问题。采用新型绿色节能光源的大空间照明方案，提高了照明质量。

项目概况

项目名称：北京体育馆-体操馆

建设地点：北京

原建成时间：1955年

改造设计/建成时间：2003年/2004年

建筑面积：4940m²

设计单位：北京市建筑设计研究院有限公司

结构形式：框架，砖混结构

北京体育馆－游泳馆
Beijing Gymnasium-Natatorium

北京市建筑设计研究院有限公司

项目简介

建成于1955年的游泳跳水馆，在功能使用、设施设备及训练环境上均不能满足国家队的训练要求。为了备战奥运会，同时为了改善训练条件，2004年改造成游泳训练馆。对于游泳馆而言，结构防腐胜过防火，所以防腐问题一直是游泳馆的设计难点之一。改造后的屋顶采用木拱肋屋架结构，是当时跨度最大的木梁结构。交错连接的木梁与金属屋面吊顶有机地结合在一起，丰富了室内空间的层次，减少大跨度的空旷感。靠近墙体两侧通过钢格栅吊顶，将高窗的自然光线导入室内，减少了眩光和白天的馆内照明能耗。

项目概况

项目名称：北京体育馆-游泳馆

建设地点：北京

原建成时间：1955年

改造设计/建成时间：2003年/2004年

建筑面积：7150m²

设计单位：北京市建筑设计研究院有限公司

结构形式：框架-剪力墙结构、砖混加固

所获奖项：2007年北京市第十三届优秀工程设计奖公共建筑二等奖
　　　　　2008年度全国优秀工程勘察设计行业奖建筑工程三等奖

广州市设计院

项目简介

广州体育馆（老馆）于1957年10月建成投入使用，位于解放北路和流花路交汇处，西面紧邻中苏友好大厦，与后来建成的羊城宾馆（1961）、中国大酒店（1984）相望。建成初期，体育馆与中苏友好大厦共同使用停车场。

建筑用地面积2.8万m²，建筑面积1.86万m²，由比赛馆、南楼、北楼、东北楼、西门楼及加建的拳击馆六部分组成。观众主入口设于南侧，主要比赛场地沿南北放置，四面设观众席约5600个。建筑主体采用大跨度反梁薄板刚架结构体系，薄壳屋面。

体育馆外墙面主要材料为水刷石，简单朴素。主立面朝南，中轴对称，中间高3层，西侧高2层。中央大厅突出10m。门廊设5个圆拱门进入中央大厅，两侧是由雕塑家丁纪凌设计的竞技主题的浮雕装饰。

广州体育馆（老馆）已于2001年因房地产开发而拆除。

项目概况

项目名称：广州体育馆（老馆）

建设地点：广东广州

建筑面积：18600m²

建筑规模：5600座

建成时间：1957年

设计单位：广州市设计院

东南鸟瞰

1. 广州市体育馆　2. 中苏友好大厦

总平面图

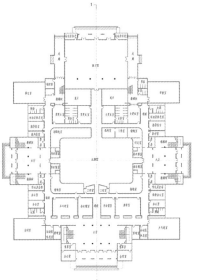

首层平面图

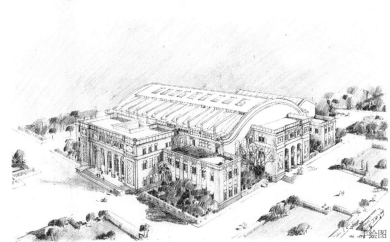

透视图

比赛大厅

二、三层平面图

1-1 剖面图

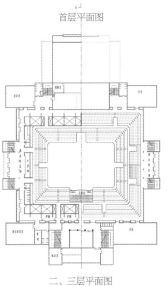

东南外景

北京体育学院田径馆

Athletics Hall of Beijing Institute of Physical Education

中国建筑设计研究院有限公司

项目简介

北京体育学院田径馆建成于1955年，建筑长157m，宽49m，其结构设计在当时非常先进，采用了18个跨度达46.70m的抛物线形双铰拱，间隔6m布置，形成了6300m²的大空间，一度被誉为"亚洲第一馆"。而建筑形式则采用中西合璧的风格。浑厚有力的绿色琉璃瓦檐口，勾勒出立面的弧形轮廓，也强化了建筑的传统语汇，端部设计为和平鸽造型的鸱吻，更体现了建筑师的匠心所在。田径馆内部设有130m长的直线跑道和一周200m的跑道，7个沙坑，室内空间高畅，平顶高度为15.2m，可用作标枪、铁饼等项目的练习场地。

田径馆建成后，周恩来、邓小平、陈毅等国家领导人曾多次陪同外宾来此参观，许多为国争光的优秀田径运动员也都曾在此训练。2007年，这座场馆完成了包括外立面、功能、设备系统的全面改造，又在2008年北京奥运会时被用作体操项目训练馆，继续它新的使命。

项目概况

项目名称：北京体育学院田径馆

建设地点：北京

建筑面积：6394m²

建成时间：1955年

设计单位：中国建筑设计研究院有限公司

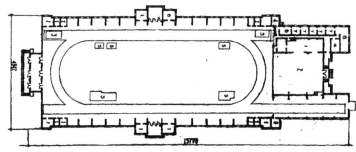

平面图

长春市体育馆
Changchun Gymnasium

同济大学建筑系

项目简介

长春市体育馆坐落于长春市人民大街，是新中国成立后吉林省最早建成的体育馆之一，建筑设计师为同济大学的葛如亮教授。项目于1956年4月破土动工，1957年11月落成，总面积13650m²，是一幢坐西朝东的4层"工"字形大楼，比赛馆跨度42m，长60m，高26m，有4299个座席，是新中国成立初期少有的落地钢结构拱桁架结构，建筑主立面具有公共建筑特点。为新中国成立初期长春市十大建筑，曾入选《英国大不列颠百科全书》，成为长春市的标志性建筑。

项目概况

项目名称：长春市体育馆

建设地点：吉林长春

设计时间：1955年

建成时间：1957年

建筑面积：13650m²

设计单位：同济大学建筑系

结构形式：落地钢结构拱桁架结构

重要赛事：吉林省运动会

北京工人体育场
Beijing Worker's Stadium

北京市建筑设计研究院有限公司

项目简介

北京工人体育场建成于1959年，能容纳6.4万人，是当时中国规模最大的体育场，国庆十周年首都十大建筑之一。体育场成功举办了包括国内、国际许多著名的大型赛事，包括第一至四届和第七届全运会。1990年举办了亚运会开闭幕式，2008年北京奥运会足球决赛等大型体育活动。建成以来，工人体育场为满足不同时期的使用需求先后经历过十多次改造。奥运之后，不再承担田径比赛，作为足球比赛和大型文艺活动使用。改造后体育场立面保留了原设计的建筑风貌，体现了对历史的尊重，对体育的传承。2016年入选首批中国20世纪建筑遗产。

项目概况

项目名称：北京工人体育场

建设地点：北京

原建成时间：1959年

主要改造历程：2008年北京奥运会

建筑面积：80000m²

设计单位：北京市建筑设计研究院有限公司

结构形式：混凝土框架结构

所获奖项：1990年北京市优秀工程设计奖一等奖

　　　　　1990年北京市科技进步三等奖

　　　　　1990年建设部优秀设计表扬奖

　　　　　2003年度北京市第十一届优秀工程设计二等奖

　　　　　2009年新中国成立60周年建筑创作大奖入围奖

改扩建工程设计与施工关键技术研究和应用获2012年北京市科学技术三等奖

改扩建工程设计与施工关键技术研究和应用获2012年"中国城市规划设计研究院CAUPD杯"华夏建设科学技术奖三等奖

重要赛事：1959年第一届全运会

　　　　　1965年第二届全运会

　　　　　1975年第三届全运会

　　　　　1979年第四届全运会

　　　　　1990年第十一届亚运会

　　　　　1993年第七届全运会

　　　　　2001年第二十一届世界大学生运动会

　　　　　2008年北京奥运会足球比赛

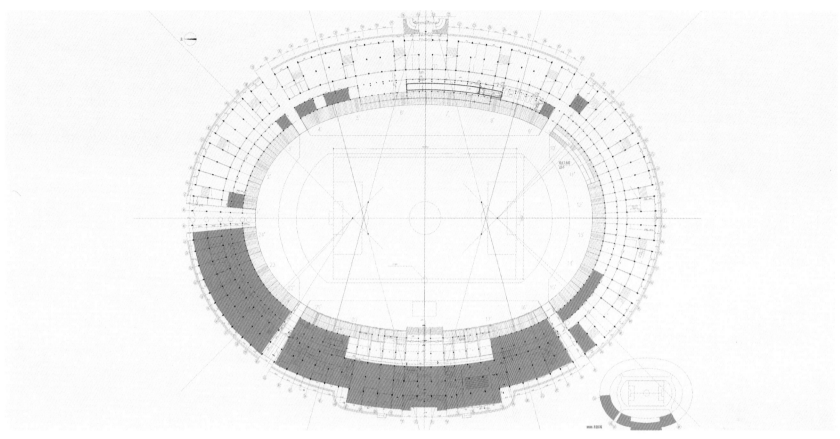

北京工人体育馆
Beijing Worker's Gymnasium

北京市建筑设计研究院有限公司

项目简介

北京工人体育馆建成于1961年，是国庆十周年首都十大建筑之一，也是最早出现在新中国邮票上的体育馆。

1961年举办第26届世界乒乓球锦标赛。2008年承办了北京奥运会拳击比赛和残奥会盲人柔道的比赛项目。

该馆是新中国第一座屋顶采用辐轮式悬索结构的建筑，跨度达到94m，能容纳1.5万名观众。

作为北京的重要场馆，北京工人体育馆举办了数千场活动，成为北京重要的体育娱乐活动中心。2017年入选中国20世纪建筑遗产。

项目概况

项目名称：北京工人体育馆

建设地点：北京

建成时间：1961年

建筑面积：41828m²

设计单位：北京市建筑设计研究院有限公司

结构形式：框架-剪力墙结构

所获奖项：2009年新中国成立60周年建筑创作大奖

重要赛事：1961年第二十六届世界乒乓球锦标赛
　　　　　2008年北京奥运会拳击比赛
　　　　　2008年第十三届残奥会盲人柔道比赛

上海跳水池
Shanghai Diving Pool

上海建筑设计研究院有限公司

项目简介

上海跳水池位于复兴中路1380号宝庆路口，是上海第一个符合国际比赛的游泳池。跳水池长50m，宽25m，跳水区深5m，正中为10m主跳台，两侧置有5m、7.5m跳台及1m、3m跳板各2个。1977年起又新建翻建沙地及塑胶网球场各4片。1982年增建温水馆1座，池长25m，宽15m，全年供跳水池体校训练使用。

建池后，这里是上海举行国际、国内游泳、跳水、水球等竞赛和市队训练的主要阵地，接待过许多外国游泳、跳水、水球队的来访比赛，也是群众性游泳活动的骨干大池。每年夏季接待游泳人次高达30万。开展冬泳活动已有25年历史，每年6万人次。

项目概况

项目名称：上海跳水池

建设地点：上海

建成时间：1964年

建筑面积：3816m²

设计单位：上海建筑设计研究院有限公司

结构形式：钢筋混凝土+钢结构

重要赛事：历届上海市的游泳、水球、跳水、花样游泳、蹼泳比赛，部分的全国分区赛和全国比赛、国际比赛赛场

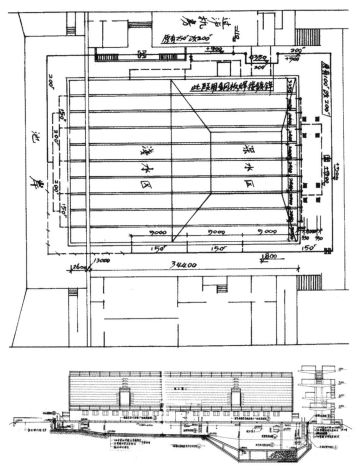

田行寸度寸月勺不育隹氣

曲折过渡时期的
体育建筑

（1966—1977）

Sports Architecture
in the Period of
Winding Transition

（1966—1977）

首都体育馆

Capital Indoor Stadium

北京市建筑设计研究院有限公司

项目简介

首都体育馆建于1966年，能容纳1.8万人。曾经是20世纪中国规模最大的室内体育馆。

首都体育馆是国内第一个钢网架结构的体育建筑，整个屋盖支撑在四周64个柱顶支座上，每平方米用钢量只有65kg。同时首都体育馆也是中国第一座室内冰球场，举办了多场花样滑冰、速滑和冰球赛事。除此之外，装配式活动看台、活动木地板、冰场制冷系统、空调通风系统等都是国内自行设计施工的。

为满足2008年北京奥运会排球比赛的需要，首都体育馆进行了大规模的结构加固和内部功能改造。为迎接2022年冬奥会，体育馆再次改造，冬奥会期间将举办花样滑冰和短道速滑比赛。

体育馆的改造不仅保持了富有时代特色的立面形象，更使这座经历了数十年风雨的历史建筑焕发出青春的活力。2016年入选首批中国20世纪建筑遗产。

项目概况

项目名称：首都体育馆

建设地点：北京

原建成时间：1968年

主要改造历程：2008年北京奥运会；2022年北京冬奥会

建筑面积：55581m²

设计单位：北京市建筑设计研究院有限公司

结构形式：框架-剪力墙结构

所获奖项：1978年全国科学大会表扬奖

2009年新中国成立60周年建筑创作大奖

2011年北京市第十五届优秀工程设计建筑结构创新专项三等奖

2011年第七届中国建筑学会优秀建筑结构设计奖三等奖

2014年北京市科学技术重要成果奖

重要赛事：1990年第十一届亚运会体操比赛

2008年北京奥运会排球比赛

2022年北京冬奥会花样滑冰和短道速滑比赛

杭州体育馆

Hangzhou Gymnasium

浙江省建筑设计研究院

项目简介

在设计中结合浙江省和杭州市的当代实际，在国内首次选定采用了椭圆形平面和马鞍形悬索屋盖结构，做到了内容决定形式，形式服从内容，达到功能合理、外观新颖、技术先进、造价经济的良好效果。椭圆形比赛厅平面以长轴方向为主布置座位，垂直于比赛场地的长边，从而使绝大多数观众都有较好的座位，整体视觉效果最佳。采用马鞍形悬索屋盖结构，具有受力性能好、技术先进、节约钢材等优点，并使结构形式与建筑平面的功能很好结合。沿比赛大厅长轴方向屋盖随着看台的升起而升起，这种高低起伏的空间有利于声学处理和空调送风系统的组织。椭圆形平面看台下部空间也得到了充分、合理的使用；东西长轴方向两端则结合看台框架下部空间，设计了东、西门厅和错层的休息厅。将看台下部空间设计成上下连通的开敞的休息过厅，不仅符合功能需要，方便了观众休息和集散，又获得错层室内空间的艺术效果。

项目概况

项目名称：杭州体育馆

建设地点：浙江杭州

设计时间：1965年

建成时间：1969年

建筑面积：12600m²

设计单位：浙江省建筑设计研究院

结构形式：钢筋混凝土+椭圆平面双曲抛物面索网结构

所获奖项：1993年中国建筑学会建筑创作大奖

重要赛事：第八届全国残疾人运动会举重比赛

2017—2018赛季中国男子篮球职业联赛浙江广厦主场赛事

第十二届省运动会（成年部）篮球比赛

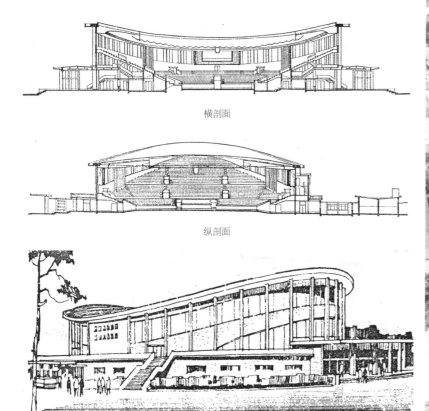

横剖面

纵剖面

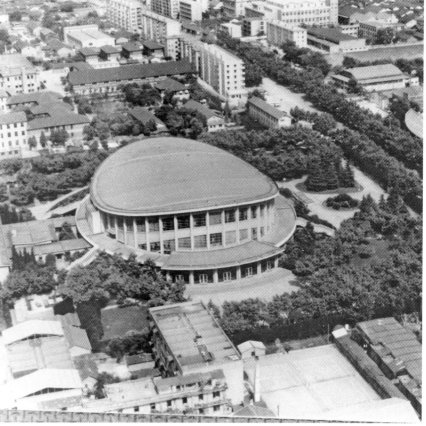

五台山体育馆

Wutaishan Stadium

江苏省建筑设计院、南京工学院

项目简介

五台山体育馆是20世纪70年代中国同期落成的体育馆之中在设计思路和技术水平上都具有重要代表性的综合型体育馆。总建筑面积17930m²，观众厅可容纳10000名观众。建筑檐口标高25.2m，建筑最高点标高30.3m，南北长137.7m，东西宽99.8m。其中比赛大厅面积5010m²，东西长42m，南北宽25m，地净高18.95m，可布置一个篮球场或9张乒乓球台同时比赛，以及球类、体操、举重等项目比赛，还承担了大量的群众集会和大型室内演出等活动。

五台山体育馆的一大特点就是八角形的平面布局方式，接近视觉质量分区图形，视觉质量较好。采用了当时较为先进的四角锥形空间钢管网架结构，是用钢量最少的一种结构形式。

项目概况

项目名称：五台山体育馆

建设地点：江苏南京

设计时间：1973年

建成时间：1975年

建筑面积：17930m²

设计单位：江苏省建筑设计院
　　　　　南京工学院

结构形式：空间网架

所获奖项：七十年代国家优秀设计奖
　　　　　1981年国家建工局优秀建筑设计奖
　　　　　1981年国家质量奖银质奖

重要赛事：1995年第三届全国城市运动会
　　　　　2005年中华人民共和国第十届运动会
　　　　　2014年第二届夏季青年奥林匹克运动会

上海体育馆

上海建筑设计研究院有限公司

项目简介

上海体育馆是我国第一个可容纳万人以上的体育馆，也是第一个大跨度网架结构，并首创采用整体吊装提升的安装方式，引领了我国网架结构技术的发展，载入了《世界建筑史》。

体育馆由比赛馆、练习馆、运动员宿舍、食堂及其附属建筑组成。比赛馆直径114m，观众席采用双层看台，活动看台近2000座。比赛场地最大长度64.7m，场地内设有电动翻板、折叠式篮球架、灯光数字程控、空调、电气照明、电声设备齐全，是举办国际、国内重大体育竞赛的重要场馆，也是举行大型文艺演出、全市性重大集会的重要场所。1975年7月建成后举行过世界超级女子排球邀请赛、戴维斯杯网球赛以及第五届全国运动会等一系列重大国际、国内比赛。

项目概况

项目名称：上海体育馆

建设地点：上海

设计时间：1973年

建成时间：1975年

建筑面积：31000m²

设计单位：上海建筑设计研究院有限公司

结构形式：钢筋混凝土+钢结构

所获奖项：1999年新中国50年上海十大银奖经典建筑
　　　　　2009中国建筑学会建筑创作大奖

重要赛事：第五、第八届全国运动会赛场

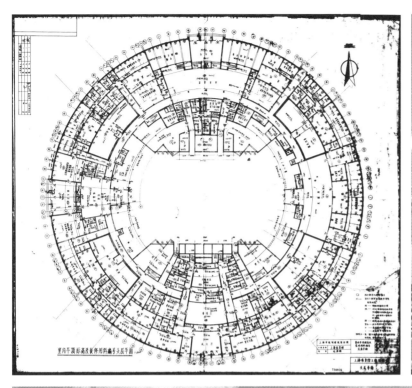

辽宁体育馆
Liaoning Stadium

中国建筑东北设计研究院有限公司

项目简介

辽宁体育馆占地10公顷，比赛馆作为主体建筑位于场地的中心位置。它以24边形的体型坐落在由辅助用房环绕于周围所形成的底座之上，大面积的实体外墙体现着体育建筑的力度、寒地建筑的特征和现代体育的时代感。建筑面积20000m²，容纳12000个观众座席，在当时全国建成的万人体育馆中规模排在第4位。该馆在临向城市主干道的东、北两侧设观众主入口，分别以宽大气派的大台阶将观众直接引入位于二层的观众入口大厅。比赛大厅的观众席采用双层看台，两层看台有部分在空间上重叠，使得空间利用率得到有效的提高。直径为48.8m的比赛场地能够满足篮球、排球、乒乓球、羽毛球、7人制手球和大型体操等国际比赛要求。比赛大厅也为大型歌舞和杂技表演提供了观演条件和场所。该建筑于2007年被拆除。

项目概况

项目名称：辽宁体育馆

建设地点：辽宁沈阳

设计时间：1974年

建成时间：1975年

建筑面积：20000m²

设计单位：中国建筑东北设计研究院有限公司

结构形式：钢筋混凝土+钢结构

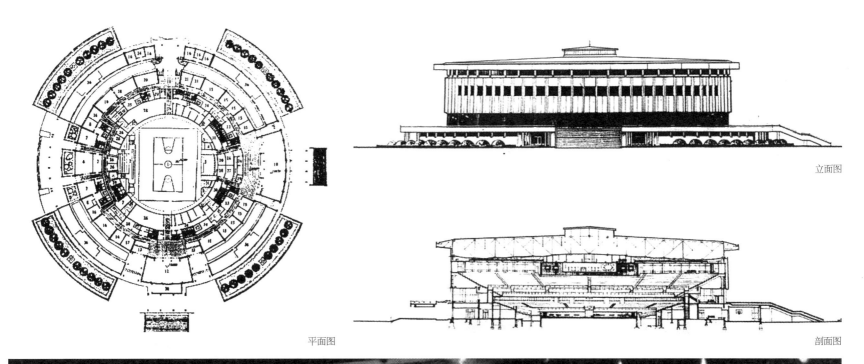

立面图

平面图

剖面图

体育建筑 改革开放时期的

（1978—1989）

Sports Architecture
in the Period of
Reform and Opening

张永和作品集（1978—1989）

成都市城北体育馆
Chengdu North Gymnasium

中国建筑西南设计研究院有限公司

项目简介

成都市城北体育馆位于成都市体育公园内，该馆是在原体育公园内于1975年建成的5000座露天灯光球场并保留原有看台的前提下改建而成。改建后体育馆建筑平面为圆形。底层直径65m，建筑面积7482m²，能容纳观众6000人。

主体空间采用61m直径双层无拉环圆形悬索屋盖，受力合理，自重轻节省三材，技术先进，是我国大跨度悬索结构技术中的范例。建筑造型突出体育建筑刚劲挺拔、朴素大方的特点，犹如含苞欲放的花蕾，取得了新颖美观的艺术效果。

项目概况

项目名称：成都市城北体育馆

建设地点：四川成都

设计时间：1979年

建成时间：1980年

建筑面积：7482m²

设计单位：中国建筑西南设计研究院有限公司

结构形式：钢筋混凝土+悬索屋盖结构

所获奖项：1970—1979年度国家基本建设委员会国家优秀设计一等奖

1981年中国建筑工程总公司委员会优秀设计金奖

1970—1979年度四川省基本建设委员会优秀设计一等奖

1987年四川省科委科学技术进步三等奖

重要赛事：1980年全国篮球、排球锦标赛

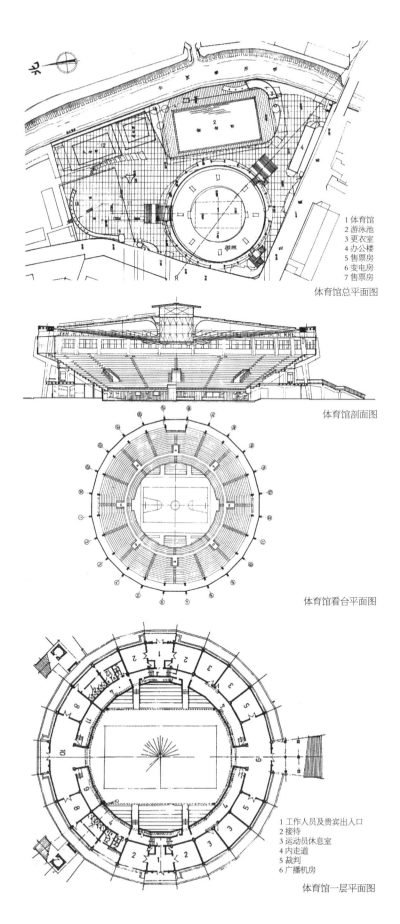

1 体育馆
2 游泳池
3 更衣室
4 办公楼
5 售票房
6 变电房
7 售票房

体育馆总平面图

体育馆剖面图

体育馆看台平面图

1 工作人员及贵宾出入口
2 接待
3 运动员休息室
4 内走道
5 裁判
6 广播机房

体育馆一层平面图

上海黄浦体育馆

Huangpu Gymmasium

同济大学建筑系

项目简介

上海黄浦体育馆始建于1976年。是利用原山东路体育馆旧址，将南京西路的原上海市女排练习馆的30m×30m的旧网架及硬木地板移此并充分利用。原网架太小，为了适当扩大，将旧网架一分为四，分别布置在新网架的四个角上，中间受力最大，采用加大构件增加整体强度，形成35m×35m新网架，以满足一个篮球场地，并容纳3000名观众的要求。顶部采用独立吸声体的做法，打破了当时满堂吊顶的做法，地面做好吊上固定，节省了搭满堂脚手架费用，在当时是多快好省的佳例。为解决当时看台都是上下两层皆千篇一律的兜圈布置和视线求证边线看台与端线看台坡度不同的问题，为此探索了错层的布置，既使视线设计合理又丰富了空间变化，同时也缓解了瞬间疏散的拥堵。这也是黄浦馆的一个主要特点。

项目概况

项目名称：上海黄浦体育馆

建设地点：上海

设计时间：1976年

建成时间：1980年

建筑面积：10560m²

设计单位：同济大学建筑系

结构形式：钢筋混凝土+钢结构

深圳体育中心
Shenzhen Sports Center

中国建筑设计研究院有限公司

项目简介

深圳体育馆是深圳体育中心内建造的第一座场馆，也是深圳建市后的八大文化设施之一，占地面积9万m²，建筑面积2.2万m²，共设座席6480座。

为了充分体现体育建筑的力量感和向上精神，设计摒弃了一切装饰附件，用建筑固有的构件表现它的形象美。经过巧妙的设计，整个体育馆仅用四根立柱，就支撑起重达1600t、90m见方的巨大屋架。屋盖与钢筋混凝土看台以一条纯净的玻璃带窗作为过渡。高举的屋盖，自然坡起的看台体量，与水平舒展的观众休息平台形成简洁明快的对比，又体现出稳重有力的气势。深圳体育馆从设计之初就注重面向市民开放，设置了一系列健身休闲用房，并在观众大厅内配备了当时较为先进的灯光、音响和舞台设备，充分考虑观众舒适度的需要。

项目概况

项目名称：深圳体育馆

建设地点：广东深圳

建筑面积：22000m²

建筑规模：6480座

设计时间：1983年

建成时间：1984年

所获奖项：1984年全国优秀工程设计奖银奖

1989年国际建筑师协会体育与娱乐设施优秀设计奖银奖

1986年建设部优秀设计奖二等奖

1992年中国建筑学会建筑创作奖

1989年中国八十年代建筑艺术优秀作品奖优秀奖

1994年"建筑师杯"中青年建筑师优秀奖

2009年中国建筑学会建国60周年建筑创作大奖

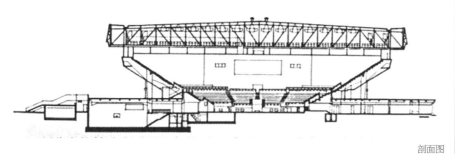

剖面图

项目简介

深圳体育场是深圳十大建筑之一，其平面设计为椭圆形，由4段圆弧组成，南北长轴258m，东西短轴200m。体育场看台高3层，运动场跑道采用四圆心设计，场内设8条400m塑胶跑道。场内布置天然草皮足球场。球场采用排渗结合方案，综合布置了各种田径比赛场地。

体育场以其体量和位置，在深圳体育中心形成了主体地位，运用直线、斜线、折线的构图要素，并用二层回廊暴露悬臂看台，构成比例均衡、造型新颖、庄重大方的建筑形式。整个看台以伸缩缝划分为12个区段，采用12种不同颜色的玻璃钢作为布置，为体育场带来丰富的色彩和生气。曲线形空间网架风雨棚可遮盖全部看台座位。

为满足人车分流的邀请，场外设架四座人行桥，人流可直接疏散至大道。看台下布置了近5000m²的对外办公及商业租售面积，以利资金回收和发挥经济效益。

深圳体育场建成后，以其建筑新颖、功能配套、设施先进和节省造价等特点得到国内外专家和运动员的一致好评。

项目概况

项目名称：深圳体育场

建设地点：广东深圳

建筑面积：41200m²

建筑规模：32500座

设计时间：1985年

建成时间：1993年

所获奖项：广东省深圳市优秀工程设计奖一等奖

项目简介

深圳游泳跳水馆位于深圳体育中心内，由主馆、附馆两部分构成。主馆设有符合国际泳联（FINA）标准的比赛池、跳水池、训练短池，观众厅设有4300个固定座席。跳台设置了一个玻璃砖组成的波浪形背景，遮挡楼电梯，运动员通过玻璃墙上的门洞进入跳台，充满戏剧性效果。

独特的索架结构体系是建筑最重要的造型语言。主馆屋盖由一个梭形曲线主桁架和四个垂直方向的次桁架构成，主桁架上以彩轴玻璃天窗围护，在天桥上洒下斑驳的光影。附馆两侧也有较小的桅杆与主馆呼应。

项目概况

项目名称：深圳游泳跳水馆

建设地点：广东深圳

建筑面积：41000m²

建筑规模：4300座

设计时间：2000年

建成时间：2002年

合作设计：澳大利亚COX公司

所获奖项：2006年建设部优秀设计奖二等奖

2006年中国建筑学会优秀暖通空调设计奖三等奖

2006年北京市优秀工程设计奖二等奖

首都体育馆综合训练馆

Capital Gymnasium Comprehensive Training Hall

北京市建筑设计研究院有限公司

项目简介

位于首都体育馆东侧，为1986年世界冰球锦标赛和世界击剑锦标赛而兴建的多层综合训练馆。

首都体育馆综合训练馆由冰球训练场地、男女体操艺术训练场地和相应的训练附属用房三部分组成。与首都体育馆地下相通，可作为体育馆的热身场地。综合训练馆造型简洁明快，色彩均与体育馆协调，建筑立面以实墙面为主，加以垂直和水平的带形窗。

为迎接2022年冬奥会，训练馆进行全面改造，主要承担花样滑冰国家队的训练。

项目概况

项目名称：首都体育馆综合训练馆

建设地点：北京

原建成时间：1985年

改造设计/拟建成时间：2018年/2020年

建筑面积：10500m²

设计单位：北京市建筑设计研究院有限公司

结构形式：框架结构

所获奖项：1985年北京市科技进步三等奖

1986年北京市优秀设计一等奖

1986年城乡建设环境保护部优秀设计二等奖

1988年国家优秀设计奖银质奖

重要赛事：1986年世界冰球锦标赛和世界击剑锦标赛

上海游泳馆
Shanghai Swimming Center

上海建筑设计研究院有限公司

项目简介

上海游泳馆是当时全国游泳、跳水、水球、花样游泳、蹼泳等竞赛和训练的最大室内温水游泳馆。游泳馆整体结构呈六角形，馆内净高16m，设施先进，不产生结露。馆内设有国际标准比赛池、跳水池及练习池各1个。比赛池长50m，宽21m，两侧有镝灯窗孔各17个。跳水池长25m，宽21m，有供运动员观察水面位置的起波设备，池正中端置有跳台7个、跳板3个，10m主跳台配有升降电梯2座。练习池长50m，宽8m，可分隔成2个25m短池。3个池都设有水下观察窗供教学、科研、摄像使用。配套设施有训练房、舞蹈房、贵宾室等。建馆以来承办过国际最高级别的第四届世界杯跳水比赛等大赛。

项目概况

项目名称：上海游泳馆

建设地点：上海

设计时间：1982年

建成时间：1985年

建筑面积：15800m²

设计单位：上海建筑设计研究院有限公司

结构形式：钢筋混凝土+钢结构

所获奖项：1999年新中国50年上海十大景点建筑提名

重要赛事：第五、第八届全国运动会赛场

西藏体育馆

Tibet Gymnasium

项目简介

西藏体育馆是一座具有强烈民族特色和现代化使用功能的中小型体育建筑。它建在拉萨市北部的拉萨市体育中心内，位于海拔高度3646m的青藏高原上，是世界上少数几个高原体育建筑之一，为此体育馆还专门配置了制氧、吸氧系统及设备。该馆平面呈矩形，坐西面东，北傍色拉寺，南眺布达拉宫，总建筑面积8100m²，固定座位3114个。建筑是钢混凝土梁柱预制钢结构金属屋面。该馆的立面造型、选材用色及装饰纹样均融入了藏文化元素和地方特质，力求和布达拉宫的环境氛围有所呼应。在使用功能的布局上突出现代化，强调多样性，设置了机械化伸缩看台和折叠式舞台（16.0m×9.0m）。该馆集比赛、会议、演艺、杂技和电影等功能于一体。该项目于1984年6月开工，1985年8月竣工，历时1年零2个月。该工程获1985年国家优质工程银质奖和1986年浙江省优秀设计奖。

项目概况

项目名称：西藏体育馆

建设地点：西藏拉萨

设计时间：1984年

建成时间：1985年

建筑面积：8100m²

设计单位：浙江省建筑设计研究院

结构形式：钢混凝土梁柱钢结构金属屋面

所获奖项：1985年国家优质工程银质奖

　　　　　1986年浙江省优秀设计奖

四川省体育馆

Sichuan Gymnasium

中国建筑西南设计研究院有限公司

项目简介

四川省体育馆是一座能容纳万名观众的大型体育馆。建筑平面为八边形，长99.35m，宽78.37m，总建筑面积约24000m²。为满足建筑造型和使用功能的要求，比赛大厅上空设计了由一对相互倾斜的钢筋混凝土大拱与两块双曲面悬索索网构成的拱与索网组合屋盖结构，总计覆盖平面面积达5362m²。

组合屋盖结构受力合理，力的传递路线明确，造型挺拔浑厚刚健有力。整体外观突出了金属、混凝土、毛玻璃三大材料的质感和虚实对比，具有强烈的时代感和现代气息。结构体系与建筑造型和谐统一，创造了完整、新颖、独具一格的建筑形象。

项目概况

项目名称：四川省体育馆

建设地点：四川成都

设计时间：1984年

建成时间：1986年

建筑面积：24000m²

设计单位：中国建筑西南设计研究院有限公司

结构形式：钢筋混凝土+悬索索网屋盖结构

所获奖项：1990年中国建筑工程总公司优秀工程设计一等奖

　　　　　1991年建设部优秀工程设计二等奖

　　　　　1989年建设部科技进步奖三等奖

　　　　　1993年建设部科技技术进步奖二等奖

　　　　　1993年全国第五届优秀工程设计建筑银质奖

　　　　　1995年中国建筑学会结构学术委员会二等奖

重要赛事：1993年第七届全运会四川赛区开幕式

　　　　　2010年世界女排大奖赛

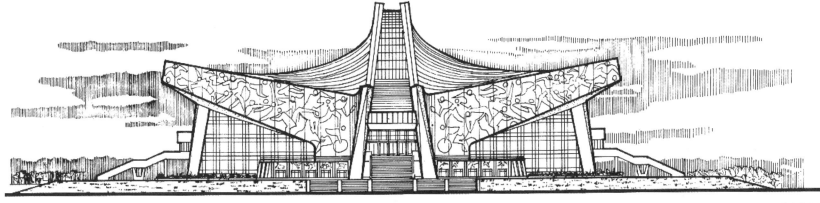

体育馆立面图

天
河
体
育
中
心

Tianhe Sports Center

广州市设计院

项目简介

天河体育中心是为迎接1987年在广州举办的第六届全国运动会而兴建，位于原天河机场，占地54.54万㎡，规划建筑面积24.37万㎡。第一期工程建筑面积12.47万㎡，包括三大场馆（60000人体育场、8000人体育馆、3000人游泳馆）和其他场地及附属建筑物。1984年7月开始设计至1987年8月建成，是国内首个一次建成的具有国际先进水平的体育中心。

建筑设计指导思想是"要大动作，不要小动作"，通过大跨度、大悬挑结构和大玻璃、大墙面等建筑元素来表现建筑的力感和动感，表现体育建筑的个性。建筑造型朴素自然，粗犷有力。敞开的观众休息平台和休息廊，既为观众提供了舒适的休息空间，又赋予建筑浓厚的岭南地方特色。

现代的建筑、开阔的绿化景观和抽象的雕塑有机结合，融为一体，形成了一个面貌全新的公园，成为"广州一大景观"，在环境艺术方面有新的突破。

项目概况

项目名称：天河体育中心

建设地点：广东广州

建筑面积：124700㎡

建筑规模：体育场60000座，体育馆8000座，游泳馆3000座

建成时间：1987年

设计单位：广州市设计院

所获奖项：1989年国家科技进步二等奖
1990年国家优秀设计银质奖
1991年国际体育与游乐设施建设工作机构（设在德国科隆）评为银质奖第一名（IAKS AWARD）
1993年中国建筑学会优秀建筑创作奖（1953—1988）
2009年中国建筑学会建筑创作大奖（1949—2009）

鸟瞰图

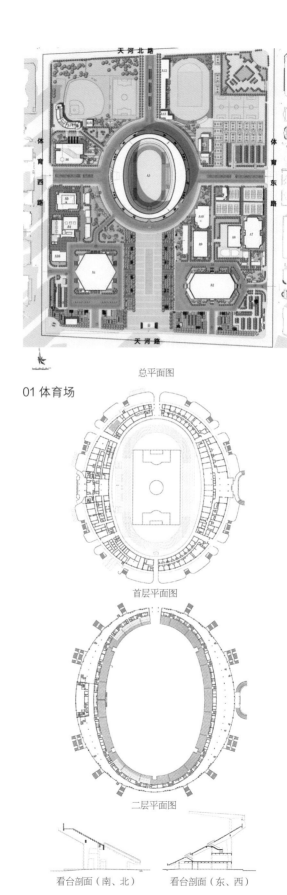

总平面图

01 体育场

首层平面图

二层平面图

看台剖面（南、北）　　看台剖面（东、西）

体育场鸟瞰

体育场南立面及南广场

02 体育馆

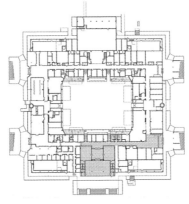

首层平面图

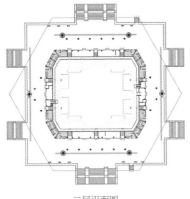

二层平面图

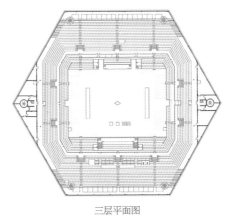

三层平面图

体育馆东立面及南广场

大悬挑、大墙面

刚劲有力的清水混凝土支柱

雕塑

比赛大厅

03 游泳馆

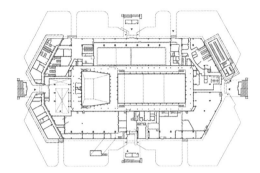

首层平面图

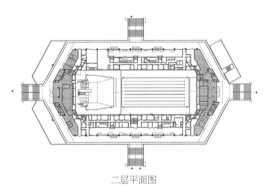

二层平面图

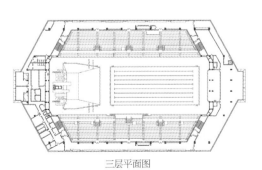

三层平面图

游泳馆西立面

比赛大厅

北京体育大学体育馆

Beijing Sport University Gymnasium

清华大学建筑设计研究院有限公司

项目简介

北京体育大学体育馆是为第十一届亚运会新建的拳击比赛专用馆。该馆设计为一座多功能综合性体育馆，它由比赛馆、练习馆、艺术体操馆及消除疲劳中心四部分组成。总占地约2.0公顷，总建筑面积10633m²，设有看台2800个座席（其中活动看台820座席），拳击比赛时可容纳3500个观众。

体育馆四个组成部分的总体布局考虑了城市规划的基本意图、大量人流、车流的集散以及与周围环境的协调，设计成内外兼顾、分区明确而联系方便的一组完整的建筑群体空间，并形成向南开放的体育文化休息广场。建筑群体整体造型、空间环境及园林绿化与城市绿地密切结合，形成优美宜人而开放的环境。

项目概况

项目名称：北京体育大学体育馆

建设地点：北京

建成时间：1988年

建筑面积：10633m²

建筑高度：20m

设计单位：清华大学建筑学院
　　　　　清华大学建筑设计研究院

所获奖项：1991年全国优秀工程设计银奖
　　　　　1991年建设部优秀设计二等奖
　　　　　1991年教育部优秀设计一等奖

重要赛事：1990年第十一届亚运会

全面发展时期的
体育建筑

（1990—1999）

Sports Architecture
in the Period of All
Round Development

(1990—1999)

吉林冰球馆
Jilin Hockey Hall

哈尔滨工业大学建筑设计研究院

项目简介

吉林冰球馆入选《中国现代美术全集》建筑艺术卷。吉林冰球馆是国内改革开放初期由地方投资的第一座冰球馆，在结构、造型、气候、技术和经济之间取得了良好的平衡。该馆考虑到多种功能的使用，因此座席少，场地大，座席采取不对称布局。它的双层预应力悬索结构开创了冰雪运动建筑结构造型拉压结合的先河。屋顶上均匀布置的77个采光口，使室内的采光系数达5%，白天在自然光条件下能进行各种训练和比赛。冰球馆建筑造型力求在功能合理、技术先进的基础上表现出冰雪运动强壮、雄劲和轻快、优美的双重美学特点。冰球馆相关成果不仅参展南京全国先进建筑技术展览会，还在美国各地进行巡回展，获得了国内外专家的认可与好评。

项目概况

项目名称：吉林冰球馆

建设地点：吉林吉林

设计时间：1983—1984年

建成时间：1986年

建筑面积：8500m²

设计单位：哈尔滨工业大学建筑设计研究院

结构形式：钢筋混凝土+钢结构

所获奖项：入选《中国现代美术全集》建筑艺术卷

石景山体育馆
Shijingshan Gymnasium

哈尔滨工业大学建筑设计研究院

项目简介

石景山体育馆荣获机电部科技进步二等奖、建设部优秀设计三等奖、"中国八十年代建筑艺术优秀作品评选"候选提名、中国建筑学会建国六十年建筑创作大奖提名奖、入选《中国现代美术全集》建筑艺术卷。该馆设计采用了场馆建筑极其少见的三角形平面，较好地契合了地形条件，使紧张的用地得到最大限度的利用。比赛场地取32m×44m，两端保留三角顶部以利于座席的布置，设近1000座的活动座席以调剂不同使用的布局。屋盖结构采用双曲抛物面扭壳结构，由三片直边曲面扭壳组合成三角形平面。建筑造型体现出动与静、刚与柔的体育运动特点，并与建筑功能和技术手段紧密结合，受到群众的欢迎和好评，也得到国内外各界专家的肯定。

项目概况

项目名称：石景山体育馆

建设地点：北京

设计时间：1986—1987年

建成时间：1988年

建筑面积：10030m²

设计单位：哈尔滨工业大学建筑设计研究院

结构形式：钢筋混凝土+钢结构

所获奖项：机电部科技进步二等奖
　　　　　建设部优秀设计三等奖
　　　　　中国八十年代建筑艺术优秀作品评选候选提名
　　　　　中国建筑学会建国六十年建筑创作大奖提名奖
　　　　　入选《中国现代美术全集》建筑艺术卷

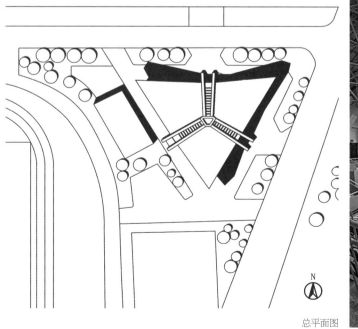

总平面图

朝
阳
体
育
馆

Chaoyang Stadium

哈尔滨工业大学建筑设计研究院

项目简介

朝阳体育馆荣获1990年机电部优秀设计一等奖、建设部优秀设计三等奖、中国建筑学会建国六十年建筑创作大奖提名奖、入选《中国现代美术全集》建筑艺术卷。朝阳体育馆是1990年为北京亚运会所建造的场馆，体育馆建筑用地1.6公顷，建筑面积9000m²，观众席3400座。设计采用椭圆形平面和下沉式布局与环境取得较好的呼应。比赛场地为34m×44m，设1000座活动座席。屋盖采用耗钢量最少的悬索结构，由两片索网并联而成，旨在创造中间高两端低的比赛厅理想空间，并解决比赛厅天然采光的问题，创造新颖流畅的建筑造型。朝阳体育馆的屋盖结构在中间脊梁上独辟蹊径，用上下左右四片索桁架构成稳定的索桥。体育馆自建成起，就受到社会的广泛好评，体现出强烈的时代特色。

项目概况

项目名称：朝阳体育馆

建设地点：北京

设计时间：1986—1987年

建成时间：1988年

建筑面积：8900m²

设计单位：哈尔滨工业大学建筑设计研究院

结构形式：钢筋混凝土+钢结构

所获奖项：机电部优秀设计一等奖
　　　　　建设部优秀设计三等奖
　　　　　中国建筑学会建国六十年建筑创作大奖提名奖
　　　　　入选《中国现代美术全集》建筑艺术卷

首都滑冰馆

Capital Skating Hall

北京市建筑设计研究有限公司

项目简介

建成于1990年，占地面积40000m²，建筑面积37800m²。东西长190m，南北宽98m。滑冰馆呈椭圆形，采用国内首创的立体空间梭形钢网架，由60根厅式柱支撑，上面覆盖孔雀绿色屋顶。室内冰面为人工制冷，有400m环形速度滑冰标准滑道两条、练习滑道一条，在滑道内侧设有两块标准冰球场，可进行短跑道速度滑冰、花样滑冰和冰球比赛。馆内南北两面有1500个观众席位。

为满足2022年北京冬奥会冰上项目使用，2018年进行全面改造。奥运会后将作为冰球国家队训练场地及全民健身冰上运动场所。

项目概况

项目名称：首都滑冰馆

建设地点：北京

原建成时间：1990年

改造设计/拟建成时间：2018年/2020年

建筑面积：37800m²

设计单位：北京市建筑设计研究院有限公司

结构形式：主体为钢筋混凝土框架结构，屋面为钢结构

所获奖项：1993年国家优秀设计奖

1993年度部级城乡建设优秀设计二等奖

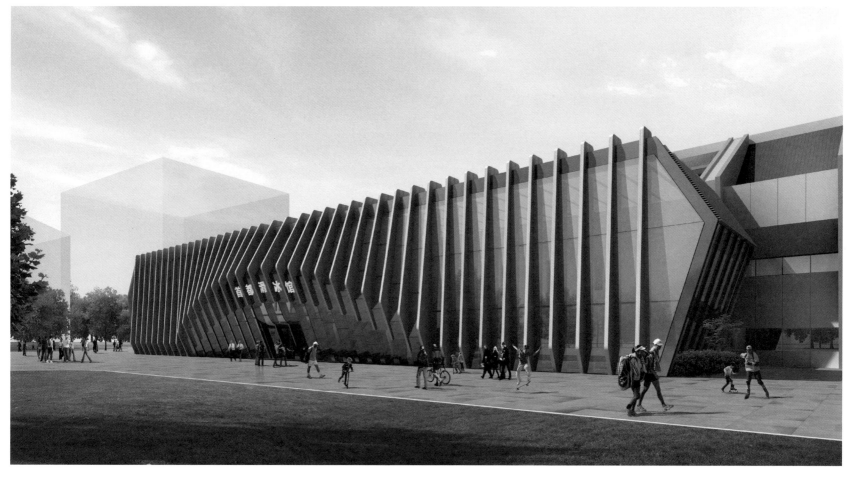

国家奥林匹克体育中心

National Olympic Sports Center

北京市建筑设计研究院有限公司

项目简介

国家奥林匹克体育中心是为承办1990年第十一届亚运会而建设的综合性体育中心，其现代化的场馆和服务设施能够满足国内外各类体育比赛的要求。在功能上，是国内第一个设置了车行和人行两套交通系统，实现了人车分流，全场无障碍通行环境的大型体育公园。亚运会期间，体育中心承办了游泳、田径、手球和曲棍球等比赛项目。为2008年北京奥运会，体育中心进行全面改造建设，承办了手球、水球、现代五项等比赛项目。

近些年作为国家体育总局重要的训练基地，承担柔道、摔跤、拳击、手球、曲棍球、垒球、网球等国家队的驻训保障任务。同时还作为北京北控篮球队的主场。2016年入选20世纪中国建筑遗产名录（第一批）。

项目概况

项目名称：国家奥林匹克体育中心

建设地点：北京

占地面积：66公顷

设计单位：北京市建筑设计研究院有限公司

所获奖项：体育中心及亚运村的规划和设计获1990年北京市科学技术进步奖特等奖

体育中心及亚运村的规划和设计获1992年国家科学技术进步奖二等奖

体育中心及亚运村获九十年代北京市十大建筑称号

1993年国际体育和娱乐设施协会奖银奖

1993年中国建筑学会建筑创作奖

1994年中国建设文化艺术协会环境艺术委员会中国当代（1984~1994）环境艺术设计优秀奖

1994年第二届"建筑师杯"全国中青年建筑师优秀建筑设计优秀奖

1994年"群众喜爱的具有民族风格的新建筑"荣誉称号

2008年北京市奥运工程规划勘察设计与测绘行业科技创新奖

2009年新中国成立60周年建筑创作大奖

重要赛事：1990年第十一届亚运会

1993年第七届全运会

2001年第二十一届世界大学生运动会

2008年北京奥运会

2008年第十三届残奥会

国家奥林匹克体育中心体育场
National Olympic Sports Center Stadium

北京市建筑设计研究院有限公司

项目简介

体育场1990年成功举办了亚运会田径和足球比赛，是北京亚运会的主要场馆和标志性建筑之一，中国第三代体育建筑的代表。

为了承办2008年北京奥运会，体育场进行了全面升级改造，增加东西楼座和南北看台。楼座看台支撑结构与屋顶悬挑结构的型钢－拉索结构出挑深远、造型舒展；下部裙房立面采用金属百叶和穿孔金属板，形成严整而丰富的光影效果。在体育场四角集中设置了4座大型悬吊式疏散坡道，解决大流量人群疏散的同时，增强了建筑的标识性。

项目概况

项目名称：国家奥林匹克体育中心体育场

建设地点：北京

原建成时间：1990年

改造设计/建成时间：2006年/2007年

建筑面积：37052m²

设计单位：北京市建筑设计研究院有限公司

结构形式：框架－耗能钢支撑结构

所获奖项：2009年度全国优秀工程勘察设计行业奖建筑
工程三等奖
2009年度全国优秀工程勘察设计行业奖建筑
结构二等奖
2009年北京市第十四届优秀工程设计二等奖

重要赛事：1990年第十一届亚运会
1993年第七届全运会
2001年第二十一届世界大学生运动会
2008年北京奥运会
2008年第十三届残奥会

国家奥林匹克体育中心体育馆

National Olympic Sports Center Gymnasium

北京市建筑设计研究院有限公司

项目简介

体育馆是1990年亚运会比赛的重要场馆，承担亚运会体操比赛。赛后除作为国家队训练基地外，长期作为城市北区重要的全民健身场所，向社会开放，为周边及北京市的居民提供了一个良好的健身、娱乐、休闲的场所。

为了承办2008年北京奥运会手球比赛对体育馆进行了改扩建，设计充分考虑了赛时与赛后的功能转换，既符合奥运会赛时的功能要求，又满足赛后作为举办各类比赛、国家队训练、全民健身服务配套设施等其他多功能运营需要，实现了场馆的可持续发展。

项目概况

项目名称：国家奥林匹克体育中心体育馆

建设地点：北京

原建成时间：1990年

改造设计/建成时间：2005年/2006年

建筑面积：47410m²

设计单位：北京市建筑设计研究院有限公司

结构形式：框架结构

所获奖项：1994年中国建筑学会建筑结构委员会优秀建筑结构设计奖
　　　　　（1983年~1992年）
　　　　　2002年北京市第十届优秀工程设计一等奖

重要赛事：1990年第十一届亚运会
　　　　　1993年第七届全运会
　　　　　2001年第二十一届世界大学生运动会
　　　　　2008年北京奥运会
　　　　　2008年第十三届残奥会

国家奥林匹克体育中心英东游泳馆

Yingdong Natatorium of National Olympic Sports Centers

北京市建筑设计研究院有限公司

项目简介

英东游泳馆是1990年亚运会比赛的重要场馆，为承办2008年北京奥运会，对游泳馆进行了改扩建。改造后的游泳馆在外观上保留了原有建筑风格，同时对内部功能进行了翻新、改造和整体完善，完全满足奥运会的高标准要求。改造设计充分体现了可持续发展的思想，采用了先进可行的环保材料，最大限度地增加了自然通风和自然采光措施。赛后设计充分考虑了对公众开放的需要，增加了休闲、健身、娱乐、餐饮服务设施。充分体现了"绿色奥运、科技奥运、人文奥运"的理念。

项目概况

项目名称：国家奥林匹克体育中心英东游泳馆

建设地点：北京

原建成时间：1990年

改造设计/建成时间：2006年/2007年

建筑面积：44635m²

设计单位：北京市建筑设计研究院有限公司

结构形式：框架结构

所获奖项：2009年北京市第十四届优秀工程设计三等奖

重要赛事：1990年第十一届亚运会

1993年第七届全运会

2001年第二十一届世界大学生运动会

2008年北京奥运会

2008年第十三届残奥会

成都市体育场

Chengdu Stadium

中国建筑西南设计研究院有限公司

项目简介

体育场位于市区中心的体育场路，占地150余亩，是为1993年的第七届全运会而兴建的大型体育设施。通过外露的"V"形框架支柱与开敞式休息平台敞廊相结合方式作为造型的主题构思，创造上大下小的碗状形象，圆润和谐观感良好。场地采用双灯带与四灯塔组合照明，效果良好，质量标准达到国际先进水平。

体育场由环向88个开间、16个独立结构单元、104榀径向混凝土框架组成。挑蓬采用分块吊装、分布张拉、串葫芦式的工字形预应力混凝土挑蓬。采用预应力混凝土预制"L"形看台板。看台下设三层平面，基础采用预制桩基础。

项目概况

项目名称：成都市体育场

建设地点：四川成都

设计时间：1987年

建成时间：1991年

建筑面积：32622m²

设计单位：中国建筑西南设计研究院有限公司

结构形式：钢筋混凝土框架结构

所获奖项：1993年全国第六届优秀工程设计铜质奖

　　　　　1993年建设部优秀设计二等奖

　　　　　1993年四川省优秀工程设计一等奖

　　　　　1995年建设部全国首届优秀建筑结构设计三等奖

　　　　　1997年建设部科学技术进步三等奖

重要赛事：1993年第七届全运会

　　　　　1994年世界杯足球赛外围赛

　　　　　2000年全国第六届大运会

　　　　　2007年中国足球甲级联赛

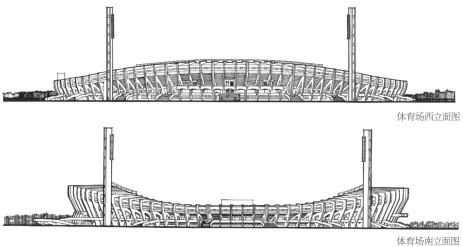

体育场西立面图

体育场南立面图

黑龙江速滑馆

Heilongjiang Speed Skating Hall

哈尔滨工业大学建筑设计研究院

项目简介

黑龙江速滑馆荣获黑龙江省当代优秀建筑设计奖、中国建筑学会第二届建筑创作奖、建国六十年建筑创作大奖提名奖、入选《中国现代美术全集》建筑艺术卷。滑速馆为承接1996年2月哈尔滨第三届亚洲冬季运动会而建，开辟了亚冬会速滑比赛进入室内的先河，也是当时世界上仅有的五座速滑馆之一。该馆建筑面积22000m²，比赛厅跨度86.2m、长度191.2m，留有增添2000个座席的空间。主体建筑为扁圆形筒体、两端接四分之一扁圆形成的一个收敛的形体。造型以独特的体形、节奏感很强的采光窗布置及颇富韵律感的内景，表达出流畅的运动感和技术美学魅力，赢得了广大观众的喜爱和国内外专家及媒体的好评。

项目概况

项目名称：黑龙江速滑馆

建设地点：黑龙江哈尔滨

设计时间：1994年

建成时间：1995年

建筑面积：22200m²

设计单位：哈尔滨工业大学建筑设计研究院

结构形式：钢筋混凝土+钢结构

所获奖项：黑龙江省当代优秀建筑设计奖
　　　　　中国建筑学会第二届建筑创作奖
　　　　　建国六十年建筑创作大奖提名奖
　　　　　入选《中国现代美术全集》建筑艺术卷

天津市建筑设计院

天津体育馆

Tianjin Gymnasium

项目简介

天津体育馆由主馆、副馆、训练馆、体育宾馆四部分组成。主馆建筑面积24677m²，跨度108m，设有固定座席6713个，活动座席2378个。是我国第一座内设200m室内田径跑道的体育馆，建成后曾多次承接洲际室内田径比赛，填补了国内室内田径竞技场馆空白。主馆屋面设计采用球面体造型，使其形态具有全方位景观，体现出飘逸的曲线美和运动感。建筑外檐采用银灰色金属屋面，配以乳白色外墙，置于绿色草坪和蔚蓝色人工湖的环抱之中。

项目概况

项目名称：天津体育馆
建设地点：天津
设计时间：1992年
竣工时间：1995年
用地面积：122300m²
建筑面积：54000m²
设计单位：天津市建筑设计院
结构形式：框架结构、钢网壳屋盖结构
所获奖项：1995年天津市优秀勘察设计一等奖
　　　　　1995年建设部优秀勘察设计一等奖
　　　　　1996年全国优秀工程设计金质奖

1997年中国建筑学会建筑结构优秀设计一等奖
天津市科技兴市突出贡献奖
中国建筑学会建筑创作大奖
建国60年建筑创新设计大奖
第三批中国20世纪建筑遗产项目
重要赛事：1995年第43届世界乒乓球锦标赛
　　　　　1999年第34届世界体操锦标赛
　　　　　2003年第十二届亚洲男排锦标赛
　　　　　2009年亚洲篮球锦标赛
　　　　　2013年第六届东亚运动会
　　　　　2015年第十八届亚洲女排锦标赛
　　　　　2017年第十三届全运会

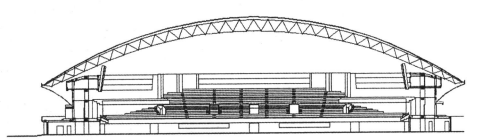

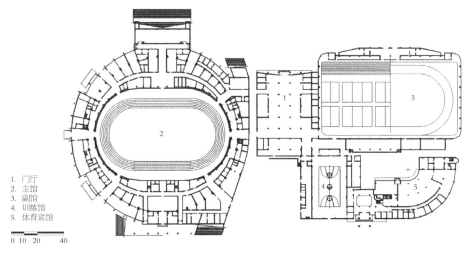

1. 门厅
2. 主馆
3. 副馆
4. 训练馆
5. 体育宾馆

0 10 20 40

上海卢湾体育馆

Luwan Gymnasium

同济大学建筑设计研究院（集团）有限公司

项目简介

在上海卢湾体育馆设计和研究中，探讨了体育建筑的设计思路和创作的难点，提出了重点抓住体育建筑"魂"的创新点。"魂"是建筑与结构及空间的完美统一，在设计中，建筑形象充分反映出结构特点及内部空间，充分考虑了内部空间与结构及建筑形象的融合，侧立面采用了两个上下相扣的弧形金属体块，上面一个立面与屋面形成了一个整体，下面一个弧线又与看台外挑部分形状相吻合。上下两个弧形金属体同时还与下部镜面玻璃形成鲜明的虚实对比，整个主体建筑坐落在采用粗毛花岗石饰面的一层平台上。坚实的基座，托起整起主体建筑，使主体建筑既恢宏、粗犷，更具有强烈的现代感和神秘感。在功能设置上，充分考虑了平时使用功能，增设了一层开发用房和地下一层车库。

项目概况

项目名称：上海卢湾体育馆

建设地点：上海

设计时间：1993年

建成时间：1996年

建筑面积：21580m²

设计单位：同济大学建筑设计研究院（集团）有限公司

结构形式：钢筋混凝土+钢结构

所获奖项：1998年上海市优秀体育建筑奖

重要赛事：1997年第八届全运会

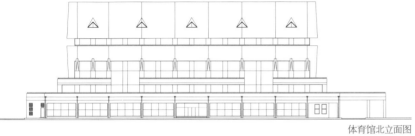

体育馆北立面图

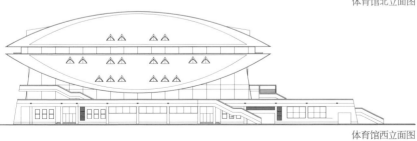

体育馆西立面图

上海体育场
Shanghai Stadium

上海建筑设计研究院有限公司

项目简介

上海体育场是1997年第八届全国运动会开幕式的主会场，可容纳观众近8万人，是20世纪90年代全国最大的综合性、多功能大型体育建筑。

体育场为直径273m的圆形平面，中间为符合国际标准的草地足球场，周边设400m跑道及各类田径比赛场地。利用看台下部有效空间设置了9层高、拥有360间标准客房的四星级酒店、体育俱乐部、各类展示厅、商场、新闻中心等。屋盖呈马鞍形，线条流畅，配以57个乳白色半透明伞形"膜结构"屋面，风格独特，蔚为壮观，展示了现代高科技建筑材料与建筑艺术的完美结合，体现了时代气息。

项目概况

项目名称：上海体育场

建设地点：上海

设计时间：1994年

建成时间：1997年

建筑面积：170000m²

设计单位：上海建筑设计研究院有限公司

结构形式：钢筋混凝土+钢结构

所获奖项：2012年中国土木工程学会百年百项杰出土木工程

2009年中国建筑学会建筑创作大奖

2004年中国建筑学会建筑创作佳作奖

2001年第二届詹天佑土木工程大奖

2000年全国第九届优秀工程设计金奖

2000年建设部优秀勘察设计一等奖

1999年新中国50年上海十大经典建筑金奖

1998年上海市优秀设计一等奖

1998年上海市科技进步二等奖

重要赛事：第八届全国运动会、2008年北京奥运会赛场

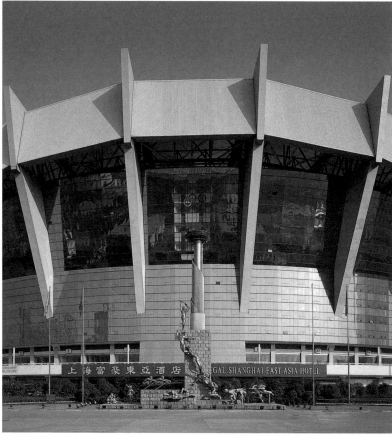

德阳体育馆
Deyang Gymnasium

中国建筑西南设计研究院有限公司

项目简介

该工程位于四川省德阳市中心区，为四川省运动会的主要比赛场馆之一，建筑面积13200m²，可容纳观众4000人。

体育馆屋盖投影正方形，边长74.67m，对角线长105.6m。屋面实施方案确定为沿对角线布置的正交平行弦双层钢管焊接空心球网壳结构。一个方向桁架呈抛物线，称为索桁架，另一方向为拱桁架。体育馆平面由两个正方形错叠而成，四角留有天井，采光通气良好，造型简洁流畅。

项目概况

项目名称：德阳体育馆

建设地点：四川德阳

设计时间：1992年

建成时间：1998年

建筑面积：13200m²

设计单位：中国建筑西南设计研究院有限公司

结构形式：网壳结构

所获奖项：1999年四川省建设委员会优秀工程二等奖
1999年中国空间结构协会第二届空间结构优秀工程奖

重要赛事：2017年德阳市第三届运动会

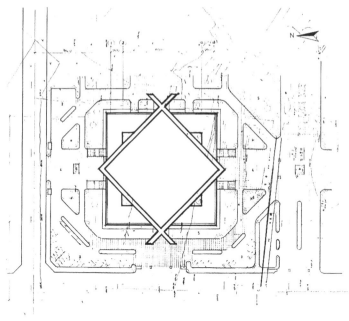

体育馆总平面图

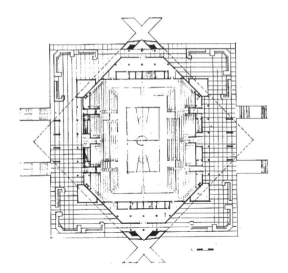

体育馆平面图

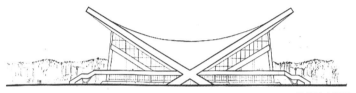

体育馆立面图

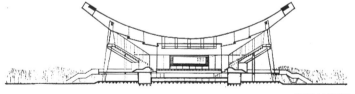

体育馆剖面图

清华大学游泳跳水馆
Gymnasium of Swimming and Diving of Tsinghua University

清华大学建筑设计研究院有限公司

项目简介

本项目位于清华大学校园东区，沿主楼中轴线北侧，与拟建的综合球类馆对称布局，和东大操场围合成校园东北部的体育场馆区。游泳跳水馆内设有50m×25m标准游泳池、25m×25m的跳水池，可进行10m跳台跳水比赛、训练及教学。比赛大厅设800座席，并设有运动员休息室、贵客室、陆上训练等辅助房间。

项目概况

项目名称：清华大学游泳跳水馆

建设地点：北京

设计时间：1999年

建筑面积：9700m²

设计单位：清华大学建筑设计研究院有限公司

所获奖项：2001年度教育部优秀设计二等奖

2001年度建设部优秀勘察设计三等奖

2001年北京市"十佳"建筑设计方案奖

清华大学综合体育中心
Sports Center of Tsinghua University

清华大学建筑设计研究院有限公司

项目简介

清华大学综合体育中心位于清华大学东部，始建于1999年，于2001年4月竣工。由清华大学建筑设计院庄惟敏大师主持设计。场馆建筑面积12600m²，地上三层。首层主要功能为比赛场地及运动员热身训练、贵宾休息厅和设备辅助用房，平面尺寸为96m×95m。二层、三层为椭圆形观众席位。顶层椭球形金属屋面一端支撑于观众厅四周的框架柱上，一侧悬挂于两榀跨度为110m的钢筋混凝土变截面拱上，屋顶最高点为29m，充分表现体育建筑的力量和富于动感的优美造型。

首层比赛场地为55m×35m，可以进行篮球、手球、排球、羽毛球、体操等各类比赛，也可进行学校开毕业典礼、集会等大型活动。观众厅固定座位为2645个，场地四周设置了可收放的活动座位，共计5000个座位，可满足奥运比赛的座位要求。

在体育馆设计之初就考虑了绿色自然的设计理念，场馆功能为比赛与训练相结合，比赛可满足奥运会篮球比赛的要求。平时训练采用屋顶自然采光和周围开启窗户的自然通风，达到了节能环保的目的。同时场地设计理念先进，预留了宽裕的场地空间，可通过简单的改造满足大多数室内比赛的需要，真正达到了多功能的综合体育馆的目标。

项目概况

项目名称：清华大学综合体育中心
建设地点：北京
设计时间：1999年
建筑面积：12600m²
设计单位：清华大学建筑设计研究院有限公司
所获奖项：2003年度教育部优秀勘察设计评选建筑设计二等奖
　　　　　2004年度建设部优秀勘察设计三等奖

虹口足球场

上海建筑设计研究院有限公司

项目简介

上海虹口足球场位于四川北路，原虹口体育场旧址。它是国内第一座专业足球场，设观众席位33060座，大小包厢47间。足球场下看台有5层。

总体设计着重流线组织、人员疏散及相距150m的鲁迅墓地环境保护，妥善处理与城市干道和轻轨站的关系。基地内以宽8m的专用车行环道，两座17m宽的大扶梯和9m宽的高架天桥组织人、车流的疏散。观众席平面符合国际标准足球场要求，视线良好。屋面膜结构顶距地面50m，顶棚能遮盖所有座位。以悬挑钢架、钢索与膜覆盖组成高低起伏，有强烈动感的现代体育形象。

项目概况

项目名称：虹口足球场

建设地点：上海

设计时间：1998年

建成时间：1999年

建筑面积：72537m²

设计单位：上海建筑设计研究院有限公司

结构形式：钢筋混凝土+钢结构

所获奖项：2001年建设部优秀勘察设计三等奖
2001年上海市优秀设计一等奖
1999年新中国50年上海十大铜奖经典建筑
1999年上海市优秀工程勘察设计项目一等奖

重要赛事：2007年女足世界杯
中国足球超级联赛赛场

快速建设时期的
体育建筑

（2000 至今）

Sports Architecture
in the Period of
Rapid Construction

（2000至今）

广东龙岗国际自行车赛场

广东省建筑设计研究院

项目简介

广东龙岗国际自行车赛场应第九届运动会兴建，包括主场馆、13.5km环水库公路赛道和6.8km山地赛道三部分，是当时亚洲第一个可同时举办场地赛、公路赛、山地赛的国际标准赛场。

主场馆造型新颖，总建筑面积10000m²，张拉膜顶棚设计使场馆内部与湖光山色穿插交织、俯仰相望。馆内设2000多个座位，是当时世界上第一个按国际自盟UCI2001最新标准建设的赛馆，也是国内第一个采用木质赛道的自行车赛馆。国际自盟副主席曾评价该馆达到世界一流水平。

该赛场于2001年10月17日正式通过国际自联验收，是当时国内第一个达到国际I类场地标准的自行车赛场。

项目概况

项目名称：广东龙岗国际自行车赛场

建设地点：广东深圳

建筑面积：10643m²

结构形式：钢筋混凝土框架结构、钢管格构柱加螺栓球节点网架结
　　　　　构、固定边张拉膜结构

建成时间：2001年

设计单位：广东省建筑设计研究院

合作单位：湖北林业设计院、深圳欣望角空间膜技术开发有限公司

所获奖项：2003年度建设部部级优秀建筑设计二等奖
　　　　　国家第十一届优秀工程设计项目铜奖
　　　　　广东省第十一次优秀工程设计一等奖

广州体育馆
Guangzhou Gymnasium

广州市设计院

项目简介

广州体育馆位于新广从公路原白云苗圃地段，邻近白云山，占地面积约80000m²。体育馆建筑群由8个项目组成，主体建筑包括主场馆、训练馆、大众活动中心。主场馆建筑面积约40000m²，纵跨160m，横跨110m，馆内设包厢24间，常规座位10018个；训练馆内设练习场、游泳场、学术交流厅等；大众活动中心设体育娱乐场所。设计中把体育馆作为城市景观和白云山之间的过渡：三大场馆均以山丘形的屋顶覆盖，屋盖采用索桁结构，覆以半透明阳光板，在体形上与白云山协调。三大场馆首尾相接，由大到小，由高到低很自然地沿弧线排列，与白云山起伏的山峦相呼应。利用地形高差，设计下沉式看台，降低建筑高度，使屋顶更贴近地面。这一切都让建筑物更好地与环境融为一体。

项目概况

项目名称：广州体育馆
建设地点：广东广州
建筑面积：40000m²
建筑规模：10018座
建成时间：2001年
设计单位：广州市设计院
合作单位：法国巴黎机场公司（ADP）
所获奖项：2002年度广州市优秀工程设计一等奖
　　　　　2003年度广东省优秀工程设计一等奖
　　　　　2007年全国优秀工程勘察设计行业奖建筑工程一等奖
　　　　　2007年国家优秀设计银奖
　　　　　2009年中国建筑学会建筑创作大奖（1949—2009）

夜景鸟瞰

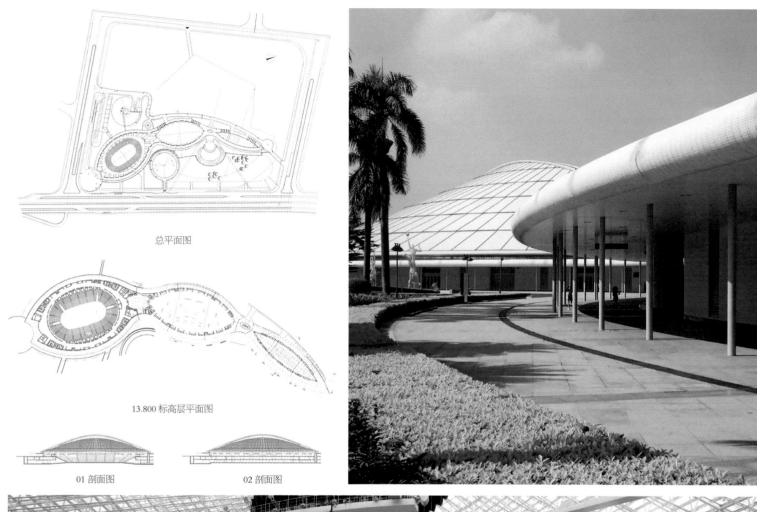

总平面图

13.800 标高层平面图

01 剖面图   02 剖面图

体育馆屋面与环廊

比赛大厅

汕头游泳跳水馆
Shantou Swimming & Diving Gymnasium

上海建筑设计研究院有限公司

项目简介

汕头游泳跳水馆坐落于广东汕头市滨海区，依山傍海，环境优美。为全国九运会跳水决赛场馆。该馆功能齐全，设施先进，具有举办高标准国际性比赛的能力。由跳水馆、游泳馆及面向公众开放的综合馆（包括射击场，儿童娱乐池，健身房及餐饮设施等）组成。游泳跳水馆设标准池、训练池及符合FINA最新国际标准的跳台、跳板等。游泳馆可容纳观众1200人，跳水馆容纳800人。该馆造型以饱满的风帆为立意，富有动感和现代感，与自然环境有机融合。现已被国家跳水队正式定为跳水训练基地，平时则是群众休闲、健身、娱乐的良好场所，成为汕头海滨的新地标。

项目概况

项目名称：汕头游泳跳水馆

建设地点：汕头

设计时间：1999年

建成时间：2001年

建筑面积：25000m²

设计单位：上海建筑设计研究院有限公司

结构形式：钢筋混凝土+钢结构

所获奖项：2003年建设部优秀勘察设计三等奖

　　　　　2003年全国第三届优秀建筑结构设计三等奖

　　　　　2003年上海市优秀工程勘察设计一等奖

重要赛事：第九届全国运动会游泳、跳水比赛赛场

贺龙体育场

He long Stadium

湖南省建筑设计院有限公司

项目简介

经国家体育总局报请国务院批准，第五届全国城市运动会于2003年10月在长沙举行，为承办好该届体育盛会，长沙市人民政府决定对原贺龙体育中心进行综合改造扩建，即在原体育场位置，仅保留部分基础，其他则按照体育场最新的国际标准进行重新设计和建造。主体工程为框架8层（局部9层），建筑面积117586m²，5层以上外墙为圆弧剪力墙，屋面标高最低为28.8m，最高为33m，呈阶梯状分布，整个框架由484根框架拄组成。外墙采用复合铝板与玻璃幕墙装饰。国家体育总局中国田径协会授予贺龙体育场为"一级一类体育场"。

项目概况

项目名称：贺龙体育场

建设地点：湖南长沙

设计时间：2000年

建成时间：2002年

建筑面积：117586m²

设计单位：湖南省建筑设计院有限公司

结构形式：混凝土框架结构、管桁架悬挑

所获奖项：2006年国家优秀工程设计铜奖
　　　　　建设部优秀设计二等奖
　　　　　湖南省优秀设计一等奖

重要赛事：2018年世界杯足球赛亚洲区预选赛12强赛第六轮 中国对韩国

云南大学体育馆
Yunnan University Gymnasium

天作建筑研究院

项目简介

云南大学体育馆建设用地既不规则，又很狭小，环境相当拥挤，这是设计中的最大难题，但也使我们找到了构思的突破口。新的思路能改变以往很多体育建筑只重形象个性创造的缺陷，创造一个既有鲜明形象特点，又能提高其环境质量的体育建筑成为构思的主要出发点。自由曲线和直线结合形成的不规则平面更自然地顺应了周围的道路、建筑以及运动场等环境要素；拥挤环境中的人流集散控制相对更加合理；各个角度的视觉感观也更符合其环境的要求。在此基础上形成的建筑形象不但个性鲜明，而且与环境融为了一体。采用轻钢支撑的工字形蜂窝梁屋面结构，降低结构厚度，使建筑更加轻巧、美观、简洁而富有动感。

项目概况

项目名称：云南大学体育馆

建设地点：云南昆明

设计时间：2000年

建成时间：2002年

建筑面积：6672m²

设计单位：天作建筑研究院

结构形式：钢筋混凝土+轻钢框架

所获奖项：2009中国建筑创作奖入围奖
　　　　　云南省十大特色建筑

重要赛事：2012年云南省第三届学生体育舞蹈锦标赛
　　　　　2016年CUBA中国大学生篮球联赛

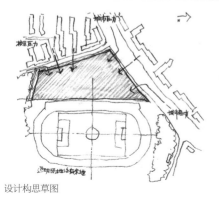

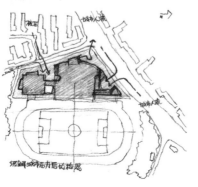

设计构思草图

大连理工大学体育馆
Dalian University Of Technology Gymnasium

哈尔滨工业大学建筑设计研究院

项目简介

大连理工大学体育馆获中国建筑学会建国六十年建筑创作大奖提名奖。体育馆占地约10000m²，建筑面积17200m²，由比赛馆、健身房、游泳馆和体育教研室四部分组成。比赛馆设观众席3600座，椭圆形平面布局，比赛场地最大达42m×55m，由2200座活动座席调节功能布局。比赛厅依球类运行的抛物线轨迹及观众席最佳视觉质量图形在场地两侧多、两端少的特点，取两端低、中间高并向两侧扩散的空间体形。屋盖结构依建筑构思的空间体形用四片壳体组织而成，并将壳体相交处的周边构件做成格构式交叉拱架凸出屋面，形成比较独特的采光天窗，为建筑造型起画龙点睛的作用，并为比赛厅获得明亮通透的空间效果和节能做出贡献。体育馆建成后获得大连理工大学师生的普遍好评，并引起多家高校的关注。

项目概况

项目名称：大连理工大学体育馆

建设地点：辽宁大连

设计时间：2000—2001年

建成时间：2003年

建筑面积：17200m²

设计单位：哈尔滨工业大学建筑设计研究院

结构形式：钢筋混凝土+钢结构

所获奖项：中国建筑学会建国六十年建筑创作大奖提名奖

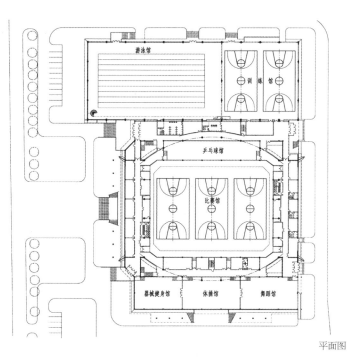

平面图

上海旗忠国际网球中心

Qizhong Forest Sports City Arena

上海建筑设计研究院有限公司

项目简介

旗忠网球中心用地面积508亩，总建筑面积85438m²。比赛区内设主赛场一座、室外网球场18片。主赛场地上四层，高度约40m，屋盖由可开闭的8片钢结构"叶瓣"组成，每片重180t。其开闭方式为世界首创，模拟了白玉兰花的开放形态。开启一次时间约7分半钟。主赛场除一般观众席外，有贵宾席、记者席及20～30残疾人席位。另设空中包厢24个、转播室20间，高4m、宽10m的大屏幕2块，还有贵宾室、运动员休息室、会议室、更衣室、餐厅、信息处理中心、新闻发布厅等辅助用房。除能举办世界最高级别的网球比赛外，还可用于篮球、排球、乒乓球、体操等比赛，是一座世界一流水准的多功能比赛场馆。

项目概况

项目名称：上海旗忠国际网球中心

建设地点：上海

设计时间：2001年

建成时间：2003年

建筑面积：30649m²

设计单位：上海建筑设计研究院有限公司

合作单位：EDI环境设计研究所

结构形式：钢筋混凝土+钢结构

所获奖项：2006年上海市科技进步二等奖

2007年上海市优秀工程设计项目一等奖

2007年全国建筑环境与设备优秀工程设计二等奖

2007年第七届詹天佑土木工程大奖

2008年中国建筑学会建筑设备优秀设计一等奖

2008年全国优秀工程勘察设计建筑工程设计一等奖

2008年全国优秀工程勘察设计金奖

2010年国家优质工程金奖

2013年IOC／IAKS国际体育建筑奖银奖

重要赛事：ATP大师杯总决赛

ATP1000大师赛赛场

重庆市奥林匹克中心体育场
Chongqing Olympics Sports Center Stadium

中国建筑西南设计研究院有限公司

项目简介

该项目是为迎接2004年亚洲杯足球赛而兴建的大型体育设施，位于袁家岗东西轴上。

通过体育场四周的环形疏散道路和放射状的道路骨架与城市干道和周围各馆呼应，形成环抱式布局的建筑群。东西看台上空各设置了一个平面投影为梭形的罩棚。该工程设施完善，配套齐全，经济适用，造型简洁大方。

罩棚结构方案采用超大跨度非闭合状球面空间双层钢网壳结构，南北两落地点直线距离312m，东西罩棚悬挑长度68m，整体刚度大受力合理，用钢量省，是当时全球已建成的类似结构跨度之最，标志着我国大跨度网壳结构设计、建造技术已达到世界先进水平。

项目概况

项目名称：重庆市奥林匹克中心体育场

建设地点：重庆

设计时间：2001年

建成时间：2003年

建筑面积：63000m²

设计单位：中国建筑西南设计研究院有限公司

结构形式：钢网壳结构

所获奖项：2007年全国优秀建筑工程设计金质奖

2006年詹天佑土木工程科学技术发展基金会第六届中国土木工程詹天佑奖

2007年中国建筑学会建筑结构学术委员会第五届优秀建筑结构设计一等奖

2005年建设部优秀勘察设计一等奖

重要赛事：2004年亚洲杯足球赛

2016年全国田径冠军赛暨大奖赛总决赛

2018年中国足球协会超级联赛

惠州体育中心

Huizhou Sports Center

哈尔滨工业大学建筑设计研究院

项目简介

惠州体育中心获中国建筑学会建国六十年建筑创作大奖提名奖。体育中心位于惠州市东江北岸经济开发区内，处于城市绿色走廊之中，共占地35公顷。体育馆是该中心的主体建筑，位于体育中心前区，用地15公顷，建筑面积30000m²。体育馆设比赛、健身、会议、商服、休闲等空间，功能复合程度高且用地条件优越，用地率仅为20%。比赛馆、训练房、会议厅以及两片商服用房用连廊联系，取开敞式布局。体育馆比赛厅设6600座，其中活动看台占六成近4000席，从而创造出45m×75m的巨大场地，其面积达到比赛厅面积的60%。如此布局既能满足国际体操比赛要求和大型演出、集会、展览等需要，也为群众健身提供了尽可能多的活动场地。比赛馆设有天窗采光，有利于节能和减少运营开支。

项目概况

项目名称：惠州体育中心

建设地点：广省惠州

设计时间：1993—2001年

建成时间：2004年

建筑面积：30000m²

设计单位：哈尔滨工业大学建筑设计研究院

结构形式：钢筋混凝土+钢结构

所获奖项：中国建筑学会建国六十年建筑创作大奖提名奖

哈尔滨工业大学建筑设计研究院

哈尔滨国际会展体育中心

Harbin International Conference and Exhibition Sports Center

项目简介

项目由国际展览中心、5万人体育场、综合训练馆、体育馆、国际会议中心和宾馆组成。总体布局以符合场地性质、功能分区合理为原则，充分考虑城市景观与环境的承载力，兼顾远期发展。分项工程在地段内集中布局，节约用地，提高绿化率的同时也创造了更多的室外广场。训练馆和体育馆设计均按标准比赛场地考虑，同时兼顾体育建筑与会展建筑的互补。体育场流线清晰，不同人流相互分离，互不影响。形式创作从建筑自身的技术美学出发，强调综合设施的统一性和整体感。为防止哈尔滨地区寒冷气候对建筑热环境的不利影响，还采用了中空玻璃外置式驳接头，和中空玻璃内置式驳接头两项专利技术及科研成果，在当时国内同类建筑中位居领先地位。

项目概况

项目名称：哈尔滨国际会展体育中心

建设地点：黑龙江哈尔滨

设计时间：2002年

建成时间：2004年

建筑面积：320000m²

设计单位：哈尔滨工业大学建筑设计研究院
　　　　　黑龙江省建筑设计研究院

结构形式：大跨度钢结构索拱体系

所获奖项：2005年度哈尔滨市新世纪十佳建筑
　　　　　2006年度中国钢结构协会空间结构分会优
　　　　　秀工程金奖（综合）
　　　　　2006年度第六届詹天佑土木工程大奖
　　　　　2005年度部级优秀勘察设计一等奖
　　　　　2006年度全国优秀工程设计银奖

全国设计行业国庆60周年"建筑设计"大奖
2009年建筑创作大奖入围奖

重要赛事：中国足球协会甲级联赛黑龙江火山鸣
　　　　　泉足球俱乐部主场
　　　　　2009年国际足联A级赛事中国对塞内加尔
　　　　　2014年国际足联A级赛事中国对约旦
　　　　　2009年第24届世界大学生冬季运动会
　　　　　2004—2005，2007—2008赛季短道速
　　　　　滑世界杯分站赛
　　　　　2007—2008赛季花样滑冰世界杯分站赛

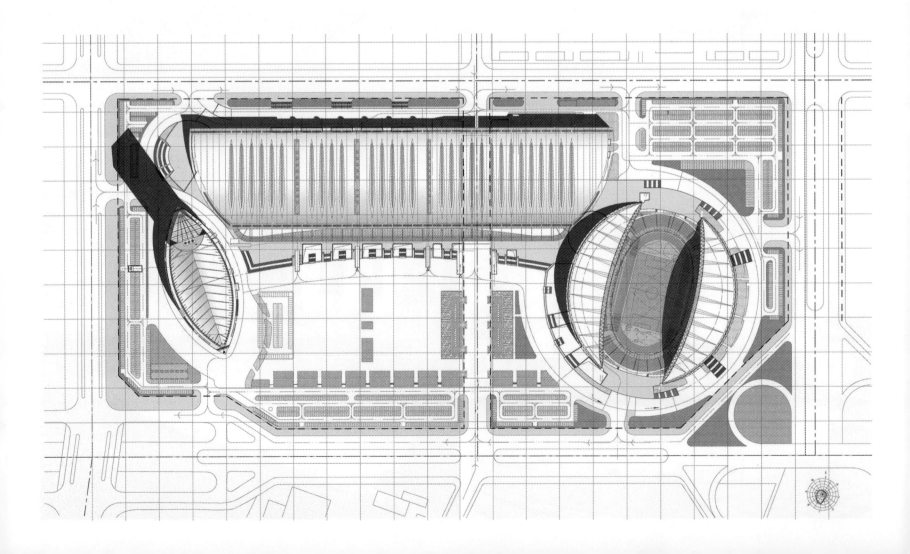

国家体育总局射击射箭运动中心国家队训练设施

National Team Training Facility of Shooting
and Archery Sports Center of General
Administration of Sport of China

清华大学建筑设计研究院有限公司

项目简介

国家体育总局射击射箭运动中心是国家射击队的长年训练基地，位于风景秀丽的北京西山脚下。园区规划建设两个2008年北京奥运会正式比赛场馆——北京射击馆和北京飞碟靶场，配套设施是园区功能组成的重要组成部分，包含运动员公寓、综合训练馆和科研业务楼三栋建筑，是面向常驻园区的国家射击队运动员训练、生活的主要服务设施。规划设计从园区整体园林化的特色出发，建筑以平缓低调的个体，通过外部空间的有机组合，将建筑融入环境之中，形成建筑与环境的呼应共生。

项目概况

项目名称：国家体育总局射击射箭运动中心国家队训练设施

建设地点：北京

设计时间：2004年

建筑面积：389289m²

设计单位：清华大学建筑设计研究院有限公司

所获奖项：2009年北京市第十四届优秀工程设计二等奖

重要赛事：2008年北京奥运会

昆山体育中心

Kunshan Sports Center

上海建筑设计研究院有限公司

项目简介

昆山体育中心包括体育场、体育馆、训练场以及配套设施，建于昆山市西区生态住宅区森林公园南面，还规划一个五星级宾馆和国际会议中心。周围环境好，视野开阔。

其中体育场设置在用地的东南侧，具备符合国际体育比赛标准的场地和设施，同时还兼顾大型文艺演出、集会、展览及群众性文化活动的需要，成为昆山的标志性建筑之一。整个体育场下部采用开放空间，周边一圈斜坡草坪，与总体绿化有机统一。简洁的结构构件创造出朴实的美感和体育设施特有的力度感。顶棚作为体育场的视觉中心，采用薄膜材料，钢索结构，构成马鞍形曲面，建筑造型轻盈通透，极富现代美感，生机勃勃。

项目概况

项目名称：昆山体育中心

建设地点：江苏昆山

设计时间：2002年

建成时间：2004年

建筑面积：45000m²

设计单位：上海建筑设计研究院有限公司

合作单位：德国惕克（Tike）公司

结构形式：钢筋混凝土+钢结构

所获奖项：2005年第十届全运会最佳场馆

2007年上海市优秀工程设计一等奖

重要赛事：第十届全国运动会赛场

上海国际赛车场
Shanghai International Circuit

上海建筑设计研究院有限公司

项目简介

上海国际赛车场总建筑用地为5.3km²，包括一期赛车场（2.5km²）和二期配套区（2.8km²）。一期赛车场由一条5200m的主赛道，一条1200m的直线加速赛道和若干条连接赛道组成，可以举办F1方程式大奖赛及各种汽车、摩托车国际大赛。其中主赛道高差为7.5m。

赛场总建筑面积为165000m²，包括主、副看台（及移动看台）、比赛控制塔，新闻中心、急救中心、比赛工作楼、赛车俱乐部等专用建筑设施，赛场另设有卡丁车比赛工作楼及汽车安检中心。群体布局灵活，造型独特。赛场规划观众人数为20万人（其中主看台3万人、副看台2万人，移动看台15万人）。

项目概况

项目名称：上海国际赛车场

建设地点：上海

设计时间：2001年

建成时间：2004年

建筑面积：165000m²

设计单位：上海建筑设计研究院有限公司

合作单位：德国惕克（Tike）公司

结构形式：钢筋混凝土+钢结构

所获奖项：2004年上海市科技进步一等奖

2005年上海市优秀工程勘察设计项目一等奖

2005年第五届詹天佑土木工程大奖

2005年中国建筑学会优秀建筑结构设计二等奖

2005年部级优秀勘察设计二等奖

2009年中国建筑学会建筑创作大奖

重要赛事：F1大奖赛中国站赛场

南京江宁体育中心
Nanjing Jiangning Sports Center

同济大学建筑设计研究院（集团）有限公司

项目简介

结合江南及江宁特殊的地理位置，塑造具有江南水乡特色的体育建筑，结合体育中心的功能特点，塑造主体突出，层次分明的建筑群体。体育馆、游泳馆均采用膜结构建筑形态，运用仿生学的手法，使建筑更贴近自然，更具生命力。建筑细部的处理具有灵巧、通透的江南特色。把训练馆与体育场和体育馆巧妙地结合在一起，使三个建筑通过中心广场组合在一起。三个场馆各具特色，又主次分明，浑然一体。体育场看台雨蓬国内首次采用灯柱悬吊雨蓬的做法，既丰富了形象，又节省了造价，使建筑、结构、技术、经济有机结合。大跨度、大空间及屋盖结构的悬挑和结构的自然表露，不但表现了结构的合理性和现代技术的壮观、复杂美，而且形象地体现了体育建筑的内涵和特性，使建筑极具时代性。

项目概况

项目名称：南京江宁体育中心

建设地点：江苏南京

设计时间：2001年

建成时间：2004年

建筑面积：85540m²

设计单位：同济大学建筑设计研究院（集团）有限公司

结构形式：钢筋混凝土+钢结构

重要赛事：2005年第十届全运会

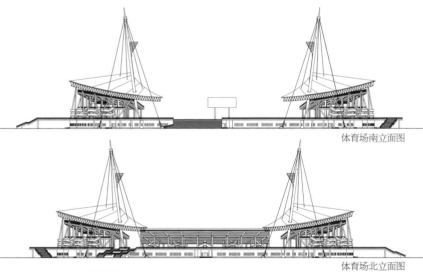

体育场南立面图

体育场北立面图

重庆市奥林匹克中心游泳跳水馆

Chongqing Olympics Sports Center Natatorium

中国建筑西南设计研究院有限公司

项目简介

重庆袁家岗体育中心游泳、跳水馆位于重庆市高新技术产业开发区奥林匹克体育中心内。建筑设计采用两馆一体的方式。馆内设一个25m×50m（2.4~3.2m深）国际标准游泳池，一个16m×25m短池（兼训练池）、一个25m×25m×5.5m跳水池。游泳馆、跳水馆分别可容纳观众1925人和605人。

游泳跳水馆屋盖造型新颖，两馆组合平面形状为梭形，屋盖结构采用四角锥焊接空心球节点钢管网壳。

项目概况

项目名称：重庆市奥林匹克中心游泳跳水馆

建设地点：重庆

设计时间：2002年

建成时间：2004年

建筑面积：15684m²

设计单位：中国建筑西南设计研究院有限公司

结构形式：钢网壳结构

所获奖项：2006年全国优秀建筑工程设计铜质奖

2005年第四届优秀建筑结构设计一等奖

2005年建设部优秀工程设计一等奖

2004年四川科学技术进步奖三等奖

重要赛事：2016年全国青年跳水冠军赛

2018年全国跳水锦标赛

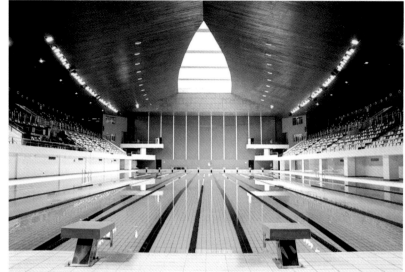

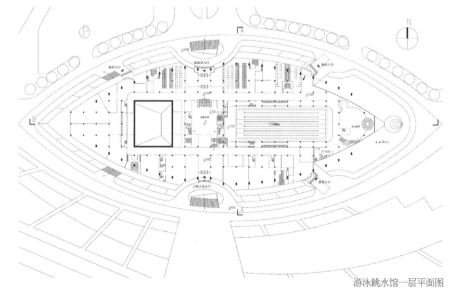

游泳跳水馆一层平面图

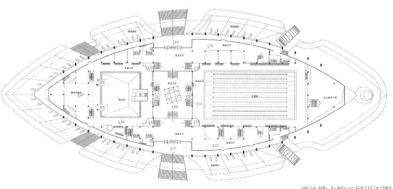

游泳跳水馆二层平面图

游泳跳水馆剖面图

新疆体育中心

Xinjiang Sports Center

北京市建筑设计研究院有限公司

项目简介

体育中心位于乌鲁木齐市城北新区的核心地带，可举行多项国家级大型体育赛事。提供现代化的全民健身娱乐设施，训练比赛、健身娱乐、会议展览、文艺演出、商业餐饮五大功能的和谐统一。体育场通过清水混凝土、白色铝合金装饰格栅、透明玻璃和表现民族纹样的釉面玻璃诠释了现代体育建筑的风采和新疆浓郁的地方特色。罩棚覆盖全部观众座席，采用先进的环形索桁架体系，共有48组彼此相接依次渐变的索桁架，并通过24根高高矗立的大型片柱悬挂于空中。

体育馆充分考虑到新疆地区的地方特色，屋顶采用了花瓣造型，由金属网壳构成一朵直径达120m舒展的雪莲花图案组成，下部由12个巨大的混凝土支座支撑。外墙采用了整体分格的方法，穿孔金属板与不穿孔部分形成对比，斜墙面上逐层递退的设计增加了光影效果。

项目概况

项目名称：新疆体育中心
建设地点：新疆乌鲁木齐
设计时间：2001年
建成时间：2005年
建筑面积：体育场75000m²；体育馆24500m²
设计单位：北京市建筑设计研究院有限公司
结构形式：体育场为框架结构，整体斜拉；
　　　　　体育馆为框架剪力墙结构，钢网壳
所获奖项：体育场：
　　　　　2007年北京市第十三届优秀工程设计一等奖
　　　　　2007年第五届中国建筑学会优秀建筑结构设计奖一等奖
　　　　　环形斜拉结构研究获2007年北京市科学技术奖三等奖
　　　　　2008年度全国优秀工程勘察设计行业建筑工程二等奖

2008年第五届中国建筑学会建筑创作奖佳作奖
2009年度全国优秀工程勘察设计行业奖建筑结构二等奖
2009年北京市第十四届优秀工程设计建筑结构专业一等奖
2009年新中国成立60周年建筑创作大奖入围奖
体育馆：
2005年第四届中国建筑学会优秀建筑结构设计奖一等奖
2007年北京市第十三届优秀工程设计二等奖
2008年度全国优秀工程勘察设计行业建筑工程三等奖
结构设计研究获2003年北京市规划委员会科学技术二等奖
结构设计研究获2003年北京市科学技术奖三等奖

重要赛事：2006年女子世乒赛

南京奥林匹克体育中心
Nanjing Olympic Sports Center

澳大利亚HOK设计公司、江苏省建筑设计研究院有限公司

项目简介

南京奥林匹克体育中心位于江苏省南京市建邺区河西新城，是亚洲A级体育馆、世界第五代体育建筑的代表。南京奥体中心是2005年全国十运会、2013年南京亚青会和2014年南京青奥会的主会场，以及江苏苏宁足球俱乐部的主场。南京奥体中心是一个多功能复合型的国家级体育馆，主要建筑为"四场馆二中心"，包括体育场（含训练场）、体育馆、游泳馆、网球馆、体育科技中心和文体创业中心。体育场63000座席，体育馆13000座席。2007年荣获第11届国际优秀体育建筑和运动设施金奖，是中国第一个获此殊荣的体育建筑。南京奥体中心体育场在屋顶挑蓬结构中，独创设计了世界上跨度最大的一对"双"斜拱，成为世界第一个"弓"结构，并首次在民用建筑设计中运用铸钢节点获得成功。

项目概况

项目名称：南京奥林匹克体育中心

建设地点：江苏南京

设计时间：2001年

建成时间：2005年

总建筑面积：400000m²

设计单位：澳大利亚HOK设计公司
江苏省建筑设计研究院有限公司

结构形式：预应力框架剪力墙结构＋钢结构屋盖
（南京奥体中心主体育场、体育馆）
钢筋混凝土结构＋钢结构
（体育科技中心、网球中心）
钢筋混凝土框架＋空间钢结构
（游泳馆）

所获奖项：2005年全国十大建设科技成就奖
2006年江苏省第十二届优秀工程设计一等奖
2006年鲁班奖（国家优质工程奖）
2007年国际奥林匹克体育与娱乐设施金奖
2008年全国优秀工程勘察设计行业奖二等奖
2008年全国优秀工程勘察设计奖铜奖

重要赛事：2005年全国十运会
2013年南京亚青会
2014年南京青奥会

乔波冰雪世界滑雪馆及配套会议中心

Qiaobo Ice and Snow World Ski Hall

清华大学建筑设计研究院有限公司

项目简介

乔波冰雪世界滑雪馆及其配套会议中心项目位于北京市顺义区牛栏山镇。本项目东邻潮白河奥林匹克水上运动中心，滑雪馆部分在奥运会期间及其后提供了相应的体育休闲设施，会议中心部分的住宿、餐饮、会议等也提供了相应的配套服务，缓解了奥运会期间观看奥运项目游人汇聚的压力。奥运会后滑雪馆及会议中心成为丰富市民业余文化生活的重要体育休闲设施。

工程总用地面积48048m²，总建筑面积52728.6m²，其中滑雪馆28691.5m²、配套会议中心24037.1m²，最高点建筑高度54.36m。滑雪馆部分主体由滑雪大厅及服务区组成，滑雪厅位于会议中心和管理用房之上，滑道终点部分深入地下，滑道长261m，滑道坡度6°~18°，总落差49.5m，分初级与专业两个滑道区，滑道区平面呈梯形，起点处窄终点处宽，滑道顶部结构跨度为24~40m，滑雪馆满负荷使用人数约1000人。

项目概况

项目名称：乔波冰雪世界滑雪馆及配套会议中心

建设地点：北京

设计时间：2003—2004年（滑雪馆）、2006年（会议中心）

建筑面积：28691.5m²（滑雪馆）、26700m²（会议中心）

设计单位：清华大学建筑设计研究院有限公司

所获奖项：2009年国家优秀设计奖银奖
2008年全国优秀工程勘察设计行业奖一等奖
2007年北京市优秀设计奖二等奖

北京市建筑设计研究院有限公司、澳大利亚COX

青岛奥林匹克帆船中心
Qingdao Olympic Sailing Centre

项目简介

帆船中心是2008年奥运会帆船比赛场馆群。项目建成后不仅提升了北海船厂区域的环境品质，也为奥运会赛事提供一个活跃的海滨环境。

总体规划具有明确而强烈的轴线，利用生态型的建筑群体界定不同的开敞空间，规划设计了五个单体建筑，分别是行政与比赛中心、奥运村、运动员中心、后勤保障与供应中心及媒体中心。在满足竞赛的同时，五个单体建筑从舰船、小艇和帆等汲取灵感，均具有高度的雕塑性。立面上玻璃幕墙、遮光百叶、金属板材以及石材等环保性材料交错使用，烘托出灵动、轻盈、通透的外形，塑造出区域的地标性建筑群。

项目概况

项目名称：青岛奥林匹克帆船中心

建设地点：山东青岛

设计时间：2004年

建成时间：2006年

建筑面积：137703m²

设计单位：北京市建筑设计研究院有限公司
　　　　　澳大利亚COX

结构形式：框架－剪力墙结构

所获奖项：2009年第九届中国土木工程詹天佑奖
　　　　　2008年全国优秀工程勘察设计奖铜奖
　　　　　2008年全国优秀工程勘察设计行业奖建筑环境与设备二等奖

2008年第五届建筑学会建筑创作奖佳作奖
2008年北京市奥运工程绿色设计奖
2009年北京市第十四届优秀工程设计二等奖

重要赛事：2008年北京奥运会
　　　　　2008年第十三届残奥会帆船比赛

台州市体育中心跳水游泳馆

[广州市设计院]

项目简介

根据台州体育中心总体规划，游泳馆位于体育中心的西南角，是台州城市中轴线和体育中心的中轴线的末端。游泳馆沿着轴线方向布置，马蹄形的建筑屋面流动的曲线轮廓既与体育场的雨篷连成一气，又成为整条城市中轴线的一个漂亮的收头。

比赛大厅内部空间简洁完整，看台造型与建筑动感的曲线造型相呼应。大厅屋面中部采用透光屋面板天然采光，节约能源。造型设计上，采用带状弧形金属屋面与阳光板的造型和材质对比，与体育中心的建筑群体空间浑然一体，相映成趣，其游动的形态有利于表现游泳馆的建筑个性。

在满足赛时要求的前提下，从方案阶段就开始考虑赛后全民健身活动的需求，预留可持续发展空间，提高建筑功能的多样性及实用性，为"以馆养馆"打下基础。

项目概况

项目名称：台州市体育中心跳水游泳馆

建设地点：浙江台州

建筑面积：17210m²

建筑规模：3000座

建成时间：2006年

设计单位：广州市设计院

所获奖项：2008年度广州市优秀工程设计一等奖

2009年度广东省优秀工程设计一等奖

2009年度全国优秀工程勘察设计行业奖建筑工程三等奖

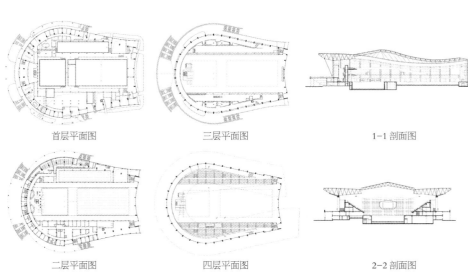

首层平面图　　　　　三层平面图　　　　　1-1 剖面图

二层平面图　　　　　四层平面图　　　　　2-2 剖面图

比赛大厅

跳台

游泳馆外景

扶梯与大台阶

训练池

屋面结构与吸声

游泳馆挑檐与体育场雨篷形成起伏流畅的曲线

佛山世纪莲体育公园
Foshan Century Lotus Sport Park

德国gmp建筑师事务所/华南理工大学建筑设计研究院

项目简介

项目位于佛山市东平河畔，并作为佛山新中心公园不可缺少的宏伟的一部分将成为佛山新城区发展的新焦点。因其看台和屋顶结构呈莲花瓣状，故新体育场被命名为"世纪莲"。

屋面结构为一种源自车轮轮辐概念的全张拉式结构。由周边强大的上、下受压环和一系列的径向谷索、脊索以及内部受拉环索组合而成，而谷索和脊索之间通过细小的悬挂索和PVC薄膜连接。因此，由外压环、内拉环和各种索、膜组成了一个承受自重和风荷载的稳定的结构体系。该屋面结构通过下压环下面的40个球铰节点与下部的40条预应力钢筋混凝土斜立柱分别连接，再与下部的预应力钢筋混凝土结构连成整体。其中上压环轴线直径为311m，下压环轴线直径为276.15m，上、下压环之间高差为20m。在世界范围内，截至目前，该结构为单体覆盖面积最大、跨度最大的全张拉索膜结构。

项目概况

项目名称：佛山世纪莲体育公园

建设地点：广东佛山

设计时间：2003年

建成时间：2006年

建筑面积：130000m²

建筑规模：36000座（体育场），2800座（游泳馆）

设计单位：德国gmp建筑师事务所
　　　　　华南理工大学建筑设计研究院

结构形式：钢筋混凝土+膜结构屋盖

所获奖项：2009年国际奥林匹克委员会运动场馆银奖
　　　　　2009年国际奥林匹克委员会（IOC）与国际体育与休闲建筑协会（IAKS）银奖
　　　　　2008年中国钢结构协会空间结构分会优秀工程索膜结构金奖
　　　　　2008年中国勘察设计协会建筑工程三等奖
　　　　　2007年广东省优秀工程勘察设计奖一等奖

重要赛事：广东省第十二届运动会

摄影：Christian Gahl

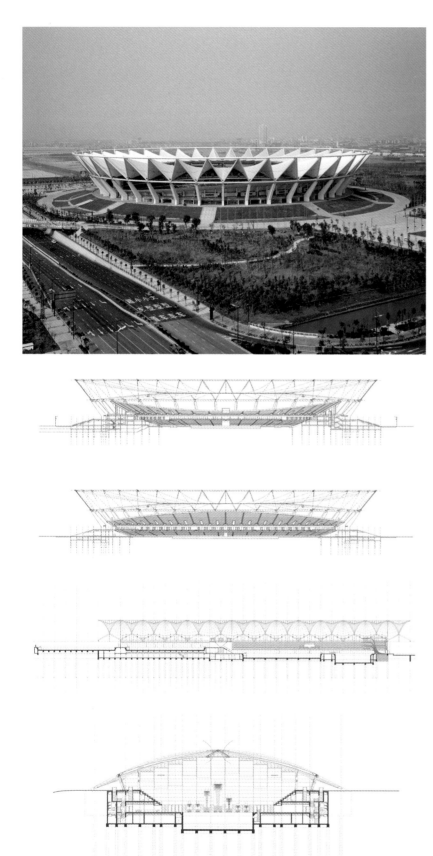

江苏南通体育中心体育场
Jiangsu Nantong Sports Center Stadium

同济大学建筑设计研究院（集团）有限公司

项目简介

　　南通体育中心体育场是国内第一个采用巨型活动开启式屋盖的体育场，总投资4亿元，拥有35000个座位，是世界上首次将机电液压技术、移动台车多点支撑用于巨型钢材活动结构，解决了两片重达1000多吨的活动屋面移动时的结构的竖向变形难点问题。开启式屋盖钢结构主体部分由主拱桁架、副拱桁架和斜拱组成。整个屋盖钢结构用量1.1万吨，其中，活动屋盖每片约1130t，主拱桁架最大跨度262m，矢高55.4m。屋盖完整开闭需移动距离近120m，移动时间大约25min。44台液压装置的台车精确控制屋盖动态位移，解决了目前一些国家难以解决的球面屋顶带来多点驱动超静、因钢结构挠曲变形所引起的活动屋盖与固定屋盖难以吻合适配等难题。

项目概况

项目名称：江苏南通体育中心体育场

建设地点：江苏南通

设计时间：2003年

建成时间：2006年

建筑面积：48000m²

设计单位：同济大学建筑设计研究院（集团）有限公司

结构形式：钢筋混凝土+钢结构

所获奖项：2008年教育部优秀设计奖一等奖
　　　　　2008年上海市科技进步奖二等奖
　　　　　2008年上海建筑学会建筑创作奖优秀奖
　　　　　2009全国优秀工程勘察设计奖二等奖

重要赛事：2006年江苏省第十六届运动会

同济大学游泳馆
Tongji University Natatorium

同济大学建筑设计研究院（集团）有限公司

项目简介

同济大学游泳馆是我国第一座屋盖可开闭游泳馆，由4榀桁架托起的活动屋面沿南北向轨道滑动实现开闭，开启面积达屋面面积的50％。固定屋面结构采用钢索桁架张拉体系，造型处理上尽量利用钢结构自身的美感展现体育建筑的魅力。游泳馆主要功能分为两部分，一是更衣淋浴等辅助部分，二是泳池的主体部分，两部分中间的庭院结合小尺度的绿化园艺，创造了精巧雅致的氛围。游泳馆可一年四季使用，采用了两项节能技术，一是可开启的屋面技术，二是太阳能吸收装置。开启屋面使夏季可不使用空调，同时带来了自然采光与通风，也与室外景观有了亲密互动。结合建筑造型，在入口雨篷上部设置了太阳能接收板，总面积达到800m²，吸收的热量用于泳池加热和淋浴。

项目概况

项目名称：同济大学游泳馆

建设地点：上海

设计时间：2004年

建成时间：2006年

建筑面积：5467m²

设计单位：同济大学建筑设计研究院（集团）有限公司

结构形式：钢筋混凝土+钢结构

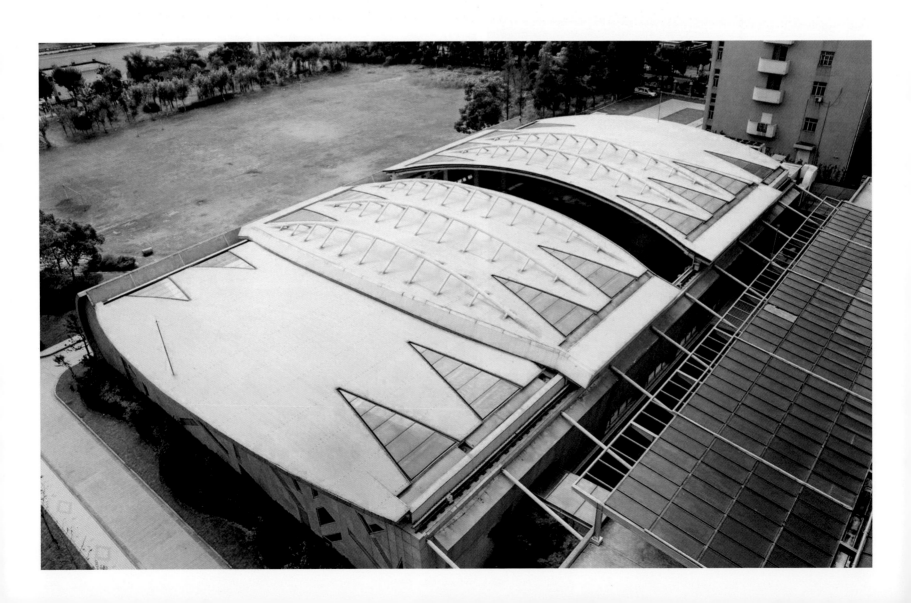

游泳馆南立面图

游泳馆西立面图

北京奥林匹克公园网球中心

Beijing Olympic Green Tennis Center

悉地国际设计顾问（深圳）有限公司

项目简介

奥林匹克公园网球中心是2008年北京奥运会和残奥会网球项目的主要比赛场馆，共建设有10块比赛场和6块练习场，座席总计17400个。

其中，中心赛场可容纳10000人，2个副赛场可容纳共6000人，7片预赛场共可容纳1400人。赛后将通过一系列改造措施成为具有国际先进水平的网球比赛、训练中心。

网球中心的设计贯彻简洁朴素的基调，强调和自然的关系，以清水混凝土的质感和开放的空间为主要表达形式，安静地蛰伏于森林公园浓郁的绿色海洋，远远望去，仅能看到中心赛场形似花瓣的混凝土看台盛开在森林之中。

项目概况

项目名称：北京奥林匹克公园网球中心

建设地点：北京

建筑面积：26514m²

建筑规模：17400座

设计时间：2006年

建成时间：2007年

设计单位：悉地国际设计顾问（深圳）有限公司

合作单位：BLIGH VOLLER NIELD

结构形式：混凝土框架结构+空间管桁架钢结构

所获奖项：2008年第五届中国建筑学会创作奖佳作奖

2008年度全国优秀工程勘察设计铜奖

2009年中国建筑学会建筑创作大奖

2009年第二十届国际体育和休闲设施协会铜奖

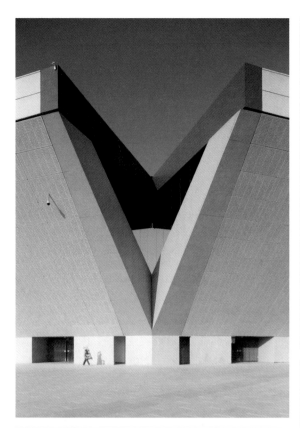

国家体育馆
National Indoor Stadium

北京市建筑设计研究院有限公司、北京城建设计研究总院有限责任公司

项目简介

国家体育馆位于北京奥林匹克公园中心区南部，是2008年北京奥运会三大主场馆之一，奥林匹克中心区的标志性建筑，是国内座席数量最多的室内综合性体育馆。改造后的国家体育馆将在2022年冬奥会举行冰球比赛。

建筑造型通过两条上下起伏的波浪形屋面，结合建筑功能的空间要求，体现轻盈并富于动感的体育建筑特性，在城市空间景观上起到衔接国家游泳中心和国家会议中心的作用，实现建筑功能与形式的完美统一。体育馆采用新材料和新技术，营造人性化的空间，体现了中国建筑文化，融合传统与现代风情，众多绿色环保设计成为其最大亮点。2009年获得北京当代十大建筑。

项目概况

项目名称：国家体育馆

建设地点：北京

原建成时间：2007年

改造设计/拟建成时间：2018年/2020年

建筑面积：80890m²

设计单位：北京市建筑设计研究院有限公司
　　　　　北京城建设计研究总院有限责任公司

结构形式：钢支撑和混凝土框架剪力墙结构

所获奖项：2008年第八届中国土木工程詹天佑奖
　　　　　2008年北京市奥运工程优秀勘察设计奖
　　　　　2008年度全国优秀工程勘察设计奖金奖
　　　　　北京当代十大建筑（2000.1—2008.12）称号
　　　　　2008年第五届中国建筑学会建筑创作奖佳作奖
　　　　　2009年北京市第十四届优秀工程设计一等奖

北京市奥运工程落实'绿色奥运、科技奥运、人文奥运'理念突出贡献奖

钢渣混凝土回填项目获得北京市奥运工程环境保护技术进步奖

钢结构施工与设计项目获得北京市奥运工程科技创新特别奖

2009年新中国成立60周年建筑创作大奖

2009年第六届优秀结构设计奖一等奖

2010年中国建筑学会第六届全国优秀建筑结构设计奖一等奖

2010年中国土木工程学会第三届欧维姆预应力技术奖一等奖

重要赛事：2008年北京奥运会
　　　　　2022年北京冬奥会冰球比赛

五棵松体育馆

Wukesong Gymnasium

北京市建筑设计研究院有限公司

项目简介

体育馆是北京奥运会篮球决赛场馆，也是国内第一座满足NBA标准的专业篮球馆。作为国际一流的现代化综合性篮球馆，还可进行排球、手球、拳击、冰上项目和室内足球等比赛，满足举办各种大型文艺演出、时装展示等多功能使用的要求。经改造后体育馆将承办2022年冬奥会冰球比赛。

体育馆外部形象是一个金色方形体量，其外立面由凹凸起伏的铝合金板围合而成。场馆设计巧妙地利用先进的分层进出场馆的设计手法，实现了观众与运动员、官员和管理人员的分流，普通观众从室外平层进入比赛厅内。比赛大厅室内中央悬挂的斗形屏是当时国内第一座全彩高清LED显示系统。

项目概况

项目名称：五棵松体育馆

建设地点：北京

原建成时间：2007年

改造设计/拟建成时间：2019年/2020年

建筑面积：63000m²

设计单位：北京市建筑设计研究院有限公司

结构形式：框架–剪力墙–钢支撑结构

所获奖项：2008年第八届中国土木工程詹天佑奖
　　　　　2008年度全国优秀工程勘察设计奖金奖
　　　　　2008年北京市奥运工程优秀勘察设计奖
　　　　　2008年北京市奥运工程综合成果奖
　　　　　2009年北京市第十四届优秀工程设计一等奖
　　　　　2009年新中国成立60周年建筑创作大奖

重要赛事：2008年北京奥运会篮球比赛
　　　　　2022年北京冬奥会冰球比赛

2008年北京奥运会
老山自行车馆

Laoshan Velodrome For 2008 Beijing
Olympic Games

广东省建筑设计研究院

项目简介

老山自行车馆，与鸟巢、水立方、北京射击馆同为2008年北京奥运会首批兴建的四大场馆，可同时容纳6000名观众，并满足残奥会使用要求，是奥运会场馆投标中为数不多的，由中国本土建筑师自主设计并中标实施的项目之一。

根据地形特点，平面布局以低平裙房配合碟形主体建筑，与五环路之间形成开阔的休憩广场，便于赛时流线组织，亦获得了大气简约的主体形象。

方案创造性地借鉴中国传统建筑大屋顶悬挑支承方式，将巨型圆环桁架与人字形柱相结合，渐次传力，在省却侧推支座、节省用材同时，优化馆内的采光通风。奥运期间，该场馆收获了良好的社会评价和专业赞誉。

项目概况

项目名称：2008年北京奥运会老山自行车馆

建设地点：北京

建筑面积：32500m²

结构形式：钢管人字形框架，钢网架结构

建成时间：2007年

设计单位：广东省建筑设计研究院
　　　　　中国航天建筑设计研究院（集团）

合作单位：德国舒曼设计师事务所

所获奖项：2009年第八届中国土木工程詹天佑大奖
　　　　　2008年度全国优秀工程勘察设计行业奖铜奖
　　　　　2005年广东省注册建筑师协会优秀建筑创作奖
　　　　　北京市奥运工程优秀工勘察设计奖

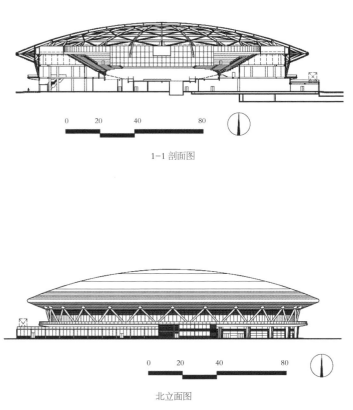

1-1 剖面图

北立面图

安徽淮南市体育文化中心

Anhui Huainan Sports Culture Center

哈尔滨工业大学建筑设计研究院

项目简介

该中心位于淮南市区西北朝阳路与广场路交会点东南角，占地近10公顷，设有体育馆、训练馆、会议厅三座建筑及休闲文化广场。体育馆设6800席，比赛场地取46.8m×72m，用13排活动看台变换场地规模，满足体操、篮球、排球等不同需要。体育馆网壳屋盖经简单切割，随空间需求跌落起伏。训练馆、会议厅也是网壳屋盖，但大小及切割方式不同，并将其一前一后、一左一右布置，演绎出了变化，增添了情趣。体育馆选用经济实用、做法简便的顶部采光天窗，比赛大厅呈现出明亮通透的空间氛围，既响应了节能号召，也满足了人们的心理需求。

项目概况

项目名称：安徽淮南市体育文化中心

建设地点：安徽淮南

设计时间：2002年

建成时间：2007年

建筑面积：22400m²

设计单位：哈尔滨工业大学建筑设计研究院

结构形式：钢筋混凝土+钢结构

所获奖项：全国勘察设计行业优秀设计三等奖
　　　　　黑龙江省优秀工程设计一等奖
　　　　　中国建筑学会建国六十年建筑创作大奖提名奖

广州大学城华南理工大学体育馆

华南理工大学建筑设计研究院有限公司

项目简介

2010 年广州亚运会柔道摔跤馆（广州大学城体育馆）造型优雅独特，成为华工南校区的标志性建筑之一，在成功承办大型赛事之余，为学校提供了一个室内教育、活动、集会的多功能中心，适应学校多样化的使用需求。

体育馆利用基地的地形高差，将首层功能用房埋入地下，为浮力通风创造了底层温度较低的空气；组合扭壳结构形成了由四边向中部升起的室内大空间造型，为浮力通风创造了优良的气流高差条件。

比赛大厅通过四个梯形的天窗以及东西屋檐下的高侧窗获取自然光照明。天窗的遮阳板与支撑结构的连接件结合于一体，并且四个朝向的遮阳板尺寸及遮阳角度各不相同，通过模拟太阳的运行轨迹确定。

项目概况

项目名称：广州大学城华南理工大学体育馆

建设地点：广东广州

设计时间：2005年

建成时间：2007年

建筑面积：13000m²

设计单位：华南理工大学建筑设计研究院有限公司

结构形式：组合式混凝土薄壳结构

所获奖项：2012年广东省岭南特色建筑设计奖铜奖
　　　　　2009年教育部优秀建筑设计三等奖
　　　　　2008年国家优质工程银质奖

重要赛事：2010年广州亚运会的足球、柔道及摔跤比赛
　　　　　2007年大学生运动会乒乓球项目比赛

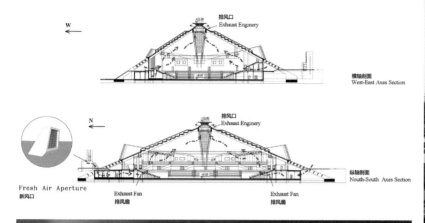

排风口
Exhaust Enginery

横轴剖面
West-East Axes Section

排风口
Exhaust Enginery

纵轴剖面
Nouth-South Axes Section

Fresh Air Aperture
新风口

Exhaust Fan
排风扇

Exhaust Fan
排风扇

北京工业大学体育馆
Gymnasium of Beijing University of Technology

华南理工大学建筑设计研究院有限公司

项目简介

北京工业大学体育馆（2008年北京奥运会羽毛球及艺术体操比赛馆）是北京奥运会15个新建场馆之一。

比赛大厅跨度达93m，轻盈灵巧，有效地改善了比赛大厅的室内观感，同时也和建筑轻灵飘逸的性格暗合。本建筑设计面向奥运会比赛要求，充分考虑赛后作为国家队训练基地，成为北京工业大学的文体活动中心，并考虑其他部分面向社会开放使用的可能性。赛后东西两侧座席可以拆除，扩大场地，比赛馆将成为国家羽毛球训练基地。热身馆可以供学校平时对外出租使用。首层功能用房可以改造为学校的文体活动用房，如书画室、舞蹈室等。

项目概况

项目名称：北京工业大学体育馆

建设地点：北京

设计时间：2005 年

建成时间：2007 年

建筑面积：24383m²

设计单位：华南理工大学建筑设计研究院有限公司

结构形式：张拉悬索网壳结构

所获奖项：2009年全国优秀工程勘察设计行业奖建筑工程二等奖

2009年中国建筑学会建国60周年建筑创作大奖入围奖

2008年中国土木工程詹天佑奖

2009年广东省优秀工程设计一等奖

2009年北京市奥运工程科技创新奖

重要赛事：2007年"好运北京"国际羽毛球邀请赛

2007年艺术体操国际邀请赛

2008年北京奥运会羽毛球及艺术体操比赛

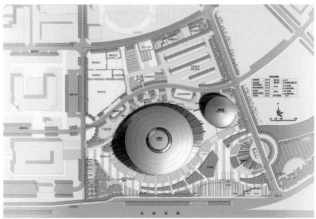

北京科技大学体育馆
Gymnasium of University of Science and Technology Beijing

清华大学建筑设计研究院有限公司

项目简介

北京科技大学体育馆（2008年奥运会柔道、跆拳道比赛馆），在奥运期间承担奥运会柔道、跆拳道比赛，在残奥会期间作为轮椅篮球、轮椅橄榄球比赛场地。在奥运会后，临时看台拆除，恢复为5050标准席，可承担重大比赛赛事、承办国内柔道、跆拳道赛事，举办学校室内体育比赛、教学、训练、健身、会议及文艺演出等。

体育馆的建筑外形，使用了柔道、跆拳道运动中"带"的概念，以挺直的线条和极富雕塑感的体块表现了运动的力与美，锈红色的亚光金属屋顶，巨大有序的金属墙面所形成的力量与秩序，与被誉为"钢铁摇篮"的北京科技大学相适应。

项目概况

项目名称：北京科技大学体育馆

建设地点：北京

建成时间：2007年

建筑面积：24662.32m²

建筑规模：8000座

设计单位：清华大学建筑设计研究院有限公司

所获奖项：2006年首都城市规划建筑设计汇报展优秀设计奖二等奖
2008年获中国建筑学会建筑创作奖佳作奖
2009年北京市优秀设计奖二等奖
2009年获国家优质工程奖银质奖
2010年全国优秀工程勘察设计行业奖二等奖

重要赛事：2008年北京奥运会

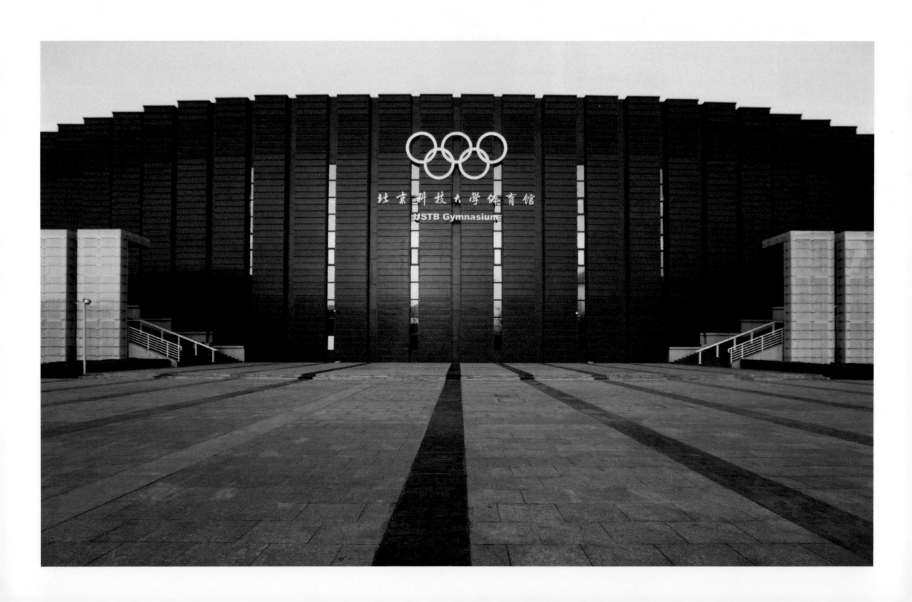

上海交通大学闵行校区体育馆

上海建筑设计研究院有限公司

项目简介

体育馆位于校区西北角，紧靠校园西北出入口。作为包含比赛馆和训练馆的大型综合体育馆，不仅能举办各项全国性和单项国际比赛，也为学校师生提供大型集会、文体表演、体育课的场所，同时兼顾社会开放，满足体育训练要求及群众性健身活动、招聘会、大型展会等需要。

建筑主体由一个椭圆壳体和一个斜置圆台构成，分别容纳比赛场地（60m×40m，净高28m）和训练场地（59m×35m，最小净高10m）。两个不同功能的空间交融贯通，便于综合利用。壳体采用钢结构覆膜材料屋面，斜圆台采用钢结构、采光板和镀铝锌钢板屋面。两种不同材料的结构形体相互辉映，彰显出律动升腾之感。

项目概况

项目名称：上海交通大学闵行校区体育馆

建设地点：上海

设计时间：2005年

建成时间：2007年

建筑面积：20000m²

设计单位：上海建筑设计研究院有限公司

结构形式：钢筋混凝土+钢结构

所获奖项：2009年上海优秀工程设计一等奖
　　　　　2009年全国优秀工程勘察设计建筑工程三等奖
　　　　　2010年第二届中国建筑学会建筑设备优秀设计三等奖

天津奥林匹克中心体育场
Tianjin Olympic Center Stadium

天津市建筑设计院

项目简介

该项目场地规划设计将已建成的天津体育馆、拟建的水上运动中心及天津奥林匹克中心体育场三项体育设施一体化综合布局，设计以"露珠"为创作主题，三个场馆宛如三颗形态各异的清亮"水滴"落入水面，塑造出一处独具天津特色的"水上体育中心"城市景观。水滴入水寓意着人类回归自然的理想，诠释着"绿色奥运"的主题。

体育场以柔和的曲面空间造型与碧水、蓝天、绿草融为一体，简约、通透、富有张力，既满足国际足球和世界田径比赛的要求，又创造了适宜的人文环境，彰显了"人文奥运"的创作主题。

以先进技术、新工艺、新材料构成高科技、智能化的体育场：大跨度钢桁架悬挑结构设计、钢筋混凝土超长无缝设计、屋面多种材质的金属面板整合的高新技术。自然水域再生处理系统、水环热泵空调系统、光纤通信、电视转播信息系统以及智能化管理系统等科技手段，体现了"科技奥运"的宗旨。

项目概况

项目名称：天津奥林匹克中心体育场

建设地点：天津

设计时间：2002年

建成时间：2007年

用地面积：445000m²

建筑面积：169000m²

设计单位：日本株式会社佐藤综合计画
　　　　　天津市建筑设计院

结构形式：框架结构、大跨度空间桁架屋盖结构

所获奖项：2009年天津市优秀勘察设计一等奖
　　　　　2009年建设部优秀勘察设计二等奖

重要赛事：2007年女足世界杯
　　　　　2008年北京奥运会
　　　　　2013年第六届东亚运动会
　　　　　2016年全国田径锦标赛
　　　　　2017年年第十三届全运会
　　　　　2018年全国残疾人田径、游泳锦标赛

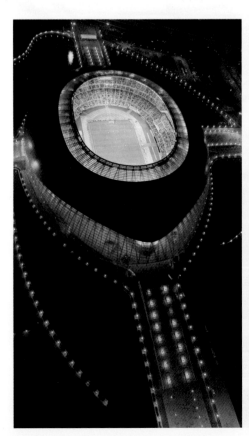

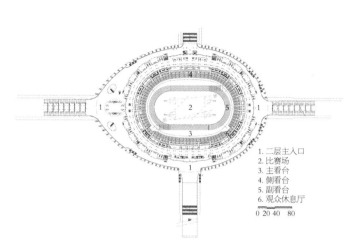

1. 二层主入口
2. 比赛场
3. 主看台
4. 侧看台
5. 副看台
6. 观众休息厅

0 20 40   80

2008 Beijing Olympic Games Table
Tennis Gymnasium

2008年北京奥运会
乒乓球馆

同济大学建筑设计研究院（集团）有限公司

项目简介

2008年北京奥运会乒乓球馆（北京大学体育馆）以"中国脊"为设计理念，力求体现了北京大学及乒乓球运动在各自领域内的成就。即：民族之脊——象征百折不挠的民族精神；北大之脊——象征北大在中国现代教育的脊梁作用；国球之脊——象征国球在中国体育运动的脊梁作用；建筑之脊——象征中国传统建筑的灵魂。力求突出更高、更快、更强的奥运精神；体现绿色奥运、科技奥运的主题，以及建筑文脉、学校体育建筑的特色。在形体处理上，充分重视体育建筑内部功能与外形的联系，由旋转屋脊与中央透明球体组成的屋盖体现出了体育建筑的力与神，并与下部体块之间形成实与虚的对比。在功能设置上，立足平时，充分考虑了学校平时使用功能及赛时与赛后的功能转换。

项目概况

项目名称：2008年北京奥运会乒乓球馆（北京大学体育馆）

建设地点：北京

设计时间：2005年

建成时间：2007年

建筑面积：20700m²

设计单位：同济大学建筑设计研究院（集团）有限公司

结构形式：钢筋混凝土+钢结构

所获奖项：2009年上海市优秀工程设计一等奖
　　　　　2010年全国优秀工程勘察设计三等奖

重要赛事：2008年北京奥运会

昆明星耀体育中心

Kunming Xingyao Sports Center

中国建筑西南设计研究院有限公司

项目简介

体育中心是为承办2007年全国残疾人运动会而建。考虑到"大馆小场"难于形成规模效应的特例，设计构思采用场馆合一、连体修建、场馆大围合的方式，紧凑合理节省投资和用地，有效地提高了场馆地使用效率，为赛后利用和经济运营创造了良好的条件。针对残运会特点，设置了完善的交通系统，主馆左右两边分别设计了供残疾人专用的多层坡道，专用电梯间和相应的配套设施，完善的功能流线，立体化的交通组织充分满足了赛事要求，立面造型带有云南孔雀故乡地域特色。

项目概况

项目名称：昆明星耀体育中心

建设地点：云南昆明

设计时间：2005年

建成时间：2007年

建筑面积：85000m²

设计单位：中国建筑西南设计研究院有限公司

结构形式：大跨度预应力次梁密肋楼盖+钢网架结构

所获奖项：2009年全国优秀工程勘察设计行业奖建筑工程二等奖
　　　　　2008年四川省工程勘察设计一等奖

重要赛事：2007年第七届全国残疾人运动会

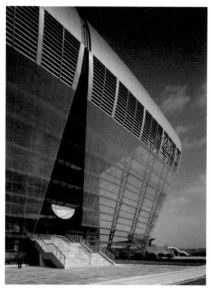

国家网球馆
National Tennis Gymnasium

中国建筑设计研究院有限公司

项目简介

国家网球馆是中国网球公开赛的主场馆，位于奥林匹克公园西北部的网球中心，其东侧是一望无际的奥林匹克森林公园。对于这座该区域内最后建成的国家级体育场馆，有限的用地和造价，使得设计者选择了简洁的契合观众看台形式的倒圆台体形。16组V形柱结构作为结构的基本组成单元，既要支撑看台，也是建筑的外围护体系。去除了多余的装饰，结构以其自身的简洁之美，实现了形式、材料和建造的高度统一。

简洁的混凝土结构单元组合，在形态上与近旁的莲花球场取得一致，也因其独特的形式获得了"钻石球场"的称号。立面划分进一步延续了类三角形的语汇，通过混凝土与金属格栅、屋面和玻璃的微妙对比，呈现出含蓄的变化。上层的空中环廊则为观众提供了观赏奥运公园全景的绝佳视角。

项目概况

项目名称：国家网球馆

建设地点：北京

建筑面积：51199m²

建筑规模：15000座

设计时间：2009年

建成时间：2011年

所获奖项：2011年中国建筑学会优秀结构设计奖一等奖

2013年中国建筑设计奖建筑设计银奖建筑电气金奖

2013年中国建筑设计奖金奖

2013年全国优秀工程设计行业奖三等奖

2012年北京市优秀工程设计奖一等奖

重要赛事：中国网球公开赛

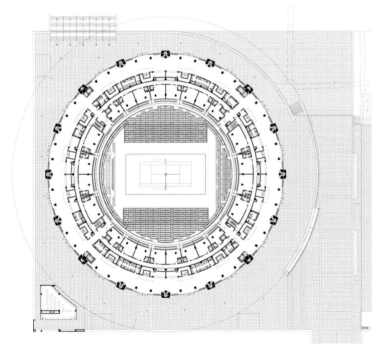

二层平面图

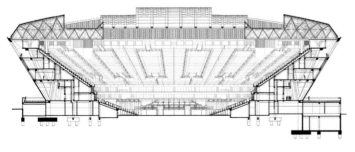

剖面图

国家游泳中心

National Aquatics Center

悉地国际设计顾问（深圳）有限公司

项目简介

国家游泳中心坐落在北京奥林匹克公园内，是2008年北京奥运会游泳、跳水、花样游泳和水球等项目的主场馆，可容纳座席约17000个，赛后改造成为具有国际先进水平的多功能水上娱乐中心，成为奥运会留给北京的宝贵遗产。

国家游泳中心以"水立方"作为设计概念，用"无形之水"与"规矩之方"体现传统与现代、功能与形式的融合。

"水立方"与"鸟巢"（国家体育场）之间的相对关系同时形成了强烈的性格碰撞。与鸟巢的兴奋、激动、力量不同的是，"水立方"宁静、神秘、变化莫测，轻灵诗意的气氛会随着情绪、赛事或季节而变化，为城市塑造一个独特的地标和场所。

项目概况

项目名称：国家游泳中心

建设地点：北京

建筑面积：79532m²

建筑规模：赛时17000座，赛后6000座

设计时间：2003年

建成时间：2008年

设计单位：悉地国际设计顾问（深圳）有限公司

合作单位：PTW、ARUP

结构形式：混凝土框架结构+新型多面体刚架钢结构

所获奖项：2004年威尼斯双年展氛围主题的特殊奖

2008年第八届中国土木工程詹天佑奖

2008全国优秀工程勘察设计奖金奖

2008年第五届中国建筑学会创作奖优秀奖

2009年第二十届国际体育和休闲设施协会金奖

2009年第七届中国建筑学会优秀建筑结构设计奖一等奖

2011年国务院国家科学技术进步奖一等奖

重要赛事：2008年北京奥运会

中国农业大学体育馆
China Agricultural University Gymnasium

华南理工大学建筑设计研究院有限公司

项目简介

2008年北京奥运会摔跤比赛用馆位于中国农业大学东校区内。奥运会后成为中国农业大学室内综合体育活动中心，经改造后除原比赛大厅外，包括一个标准篮球训练馆以及一个拥有标准游泳池的游泳馆。在保证继续承接各类体育赛事的同时，满足教学、文艺、集会以及学生社团使用。

本设计赛后以学生使用为主，节能降耗成为高校体育馆能否真正为学生服务的关键。我们在设计中将自然采光通风的可能性作为十分重要的原则来遵守。错落的天窗形成了良好的采光通风效果，为平时低能耗的赛后使用奠定了基础，成为奥运场馆建设体现"绿色奥运"的典范。

项目概况

项目名称：中国农业大学体育馆

建设地点：北京

设计时间：2005年

建成时间：2008年

建筑面积：23950m²

设计单位：华南理工大学建筑设计研究院有限公司

结构形式：预应力张弦穹顶结构

所获奖项：2011年国际残奥会、国际体育和休闲设施协会IPC/IAKS杰出功勋奖
　　　　　2010年全国优秀工程勘察设计奖银奖
　　　　　2009年中国建筑学会建国60周年建筑创作大奖
　　　　　2009年北京市奥运工程绿色设计奖

重要赛事：2008年北京奥运会摔跤比赛场馆
　　　　　2008年北京残奥会坐式排球比赛场馆
　　　　　好运北京·2007世界青年摔跤锦标赛

清华大学建筑设计研究院有限公司

2008 年北京奥运会飞碟靶场

Clay Target Field for 2008 Beijing Olympic Games

项目简介

2008年北京奥运会飞碟靶场的建筑设计将中国传统院落空间、清水砖墙、长城烽火台等元素融入建筑中，并结合该运动特有的文化传统，使建筑与所处的自然环境与人文环境形成神韵的延续统一，表达出细腻的建筑质感。在较低的建筑造价控制下，运用适用、合理、简便的技术措施，实现了人性、舒适的比赛、观赛条件。建筑整体含蓄内敛、质朴清新，彰显地域传统色彩和该运动特有的文化底蕴。

项目概况

项目名称：2008年北京奥运会飞碟靶场

建设地点：北京

设计时间：2004年

建成时间：2008年

建筑面积：6169m²

建筑高度：20m

设计单位：清华大学建筑设计研究院有限公司

所获奖项：2009年北京市第十四届优秀工程设计二等奖

重要赛事：2008年北京奥运会

沈阳奥林匹克体育中心
Shenyang Olympic Sports Center

上海建筑设计研究院有限公司

项目简介

沈阳奥林匹克体育中心是沈阳市为2008年北京奥运会足球沈阳赛区规划建设的重点体育设施项目。以"绿色奥运、科技奥运、人文奥运"理念为指导，在沈阳市浑南新区建设了一个环境优雅、造型独特、绿色节能、生态环保、设施先进、功能完备、汇集众多具有时代高新科技特征的、具备能够承办国内外综合性体育赛事的综合性体育中心。

体育中心项目分为两期建设，一期为主体育场；二期为综合体育馆（室内球类、体操运动的比赛馆和训练馆等）、游泳馆（游泳、花样游泳、跳台跳水、跳板跳水、水球的比赛池和训练池等）、网球馆，并设有10片标准比赛场地和12片室外比赛场地。

项目概况

项目名称：沈阳奥林匹克体育中心

建设地点：辽宁沈阳

设计时间：2006年

建成时间：2007年

建筑面积：260000m²

设计单位：上海建筑设计研究院有限公司

合作单位：日本株式会社佐藤综合计画

结构形式：钢筋混凝土+钢结构

所获奖项：2008年中国建设工程鲁班奖

2008年第八届詹天佑土木工程大奖

2009年度全国优秀工程设计行业二等奖

2009年度上海市优秀工程设计项目一等奖

2009年建国60年中国建筑学会建筑创作大奖

2009年上海市建筑学会第三届建筑创作优秀奖

2009年新中国成立60年百项经典暨精品工程

2011年中国建筑学会优秀结构设计一等奖

重要赛事：2008年北京奥运会、第十二届全国运动会赛场

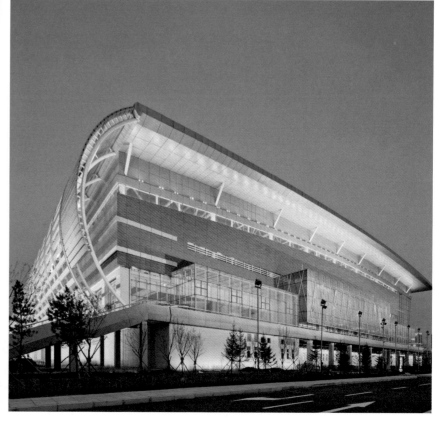

青岛国信体育中心
Qingdao Guoxin Sports Center

中国建筑西南设计研究院有限公司

项目简介

体育馆强化生态理念，将绿化环境与体育活动空间有序地组织，达到建筑、环境及人的活动的有机融合，充分考虑日后的经营管理，强调体育馆的多功能性和开放性，平面为圆形，不仅能满足冰球等各项赛事还能举办杂技表演。建筑造型突出多面体屋盖的完美个性注重建设经济性，在保证功能、技术、生态的前提下，充分注重结构形式的简洁明了，达到先进性与经济性的合理统一。游泳跳水馆以海为背景、考虑到建筑临湖起伏地形，设计构思来源于水生动物，取自贝壳的形态，犹如水泊梁山，利用地貌构成层层跌落的绿色彼岸，生气盎然，与环境融合。

项目概况

项目名称：青岛国信体育中心

建设地点：山东青岛

设计时间：2004年

建成时间：2008年

建筑面积：238823m²

设计单位：中国建筑西南设计研究院有限公司

结构形式：钢筋混凝土+钢桁架结构

所获奖项：第六届空间结构优秀工程设计银奖

重要赛事：2009年第十一届全国运动会

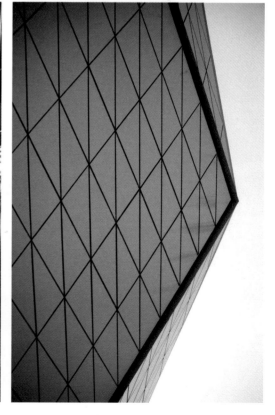

常州市体育会展中心
Changzhou Sports and Exhibition Center

中国建筑西南设计研究院有限公司

项目简介

作为省级中型体育项目，经2010年江苏省运会考验，深受好评。

首次提出"场馆结合"概念，将体育馆和会展馆、体育场与游泳跳水馆分别组合，强调多功能交融互换，提高使用效率，达到资源共享、节省土地和投资的目的。

设计注重地域特征，将邻近的三井河引入作浅水景观、草坪绿坡营造江南水乡的意境。运用常州市花广玉兰为构思源泉，通过花蕾、花瓣的屋盖造型，塑造了具有常州特色的建筑形象。

体育馆屋采用索承单层网壳，平面形状为120m×80m的椭球形，无论在规模上还是在几何形状上均为当时世界首列，具有很好的开拓性和创新性。

项目概况

项目名称：常州市体育会展中心

建设地点：江苏常州

设计时间：2005年

建成时间：2008年

建筑面积：体育场54600m²，体育馆30000m²，游泳跳水馆23400m²，会展中心50000m²

设计单位：中国建筑西南设计研究院有限公司

结构形式：索承网壳+钢桁架悬挑结构

所获奖项：2011年第十四届全国优秀工程设计金质奖

2009年全国优秀工程勘察设计行业奖建筑工程一等奖

2009年全国优秀工程勘察设计行业奖建筑结构一等奖

2009年中国钢结构协会空间结构分会第六届空间结构优秀工程设计金奖

2009年中国建筑股份有限公司优秀勘察设计大奖

2010年四川省科学技术进步奖一等奖

2010年中国建筑学会第三届暖通空调工程优秀设计一等奖

重要赛事：2010年第十七届江苏省运会

国家体育场
National Stadium

中国建筑设计研究院有限公司

项目简介

国家体育场为2008年北京第29届奥运会的主体育场，总建筑面积258000m²。奥运会期间，国家体育场容纳观众座席约为91000个，其中可在赛后拆除的临时座席约11000个，奥运会开幕式、闭幕式、田径比赛和男子足球决赛以及残奥会的开闭幕式和田径比赛在这里举行。奥运会后，国家体育场的观众座席约80000个，可承担特殊重大比赛、各类常规赛事以及文艺演出、团体活动、商业展示会等非竞赛活动，并可提供运动、休闲、健身和商业等综合性服务。

国家体育场为特级体育建筑，位于北京奥林匹克公园中心区南部。西侧为200m宽的中轴线步行绿化广场，东侧为湖边西路龙形水系及湖边东路，北侧为中一路，南侧为南一路，成府路在地下穿过用地。

国家体育场主体建筑为南北长333m、东西宽298m的椭圆形，最高处高69m、最低处高40m；中间开口南北长182m、东西宽124m。主体钢结构为薄壁箱形全焊接钢结构，钢结构形成整体的巨型大跨度钢桁架编织式"鸟巢"结构。

项目概况

项目名称：国家体育场

建设地点：北京

建筑面积：258055m²

建筑规模：赛时91000座，赛后80000座

设计时间：2002年

建成时间：2008年

合作设计：瑞士HdeM建筑设计事务所

所获奖项：2008年全国优秀工程设计奖金奖

2009年国际奥委会和国际体育与休闲建筑协会奖金奖

2009年英国皇家建筑师协会莱伯金建筑大奖

2008年国家质量奖

2009年中国建筑学会优秀结构设计奖一等奖

2008年詹天佑土木工程大奖

2010年中国建筑学会优秀给水排水设计奖一等奖

2009年中国建筑学会建国60周年建筑创作大奖

2008年北京市优秀工程设计奖一等奖

重要赛事：2008北京夏季奥林匹克运动会

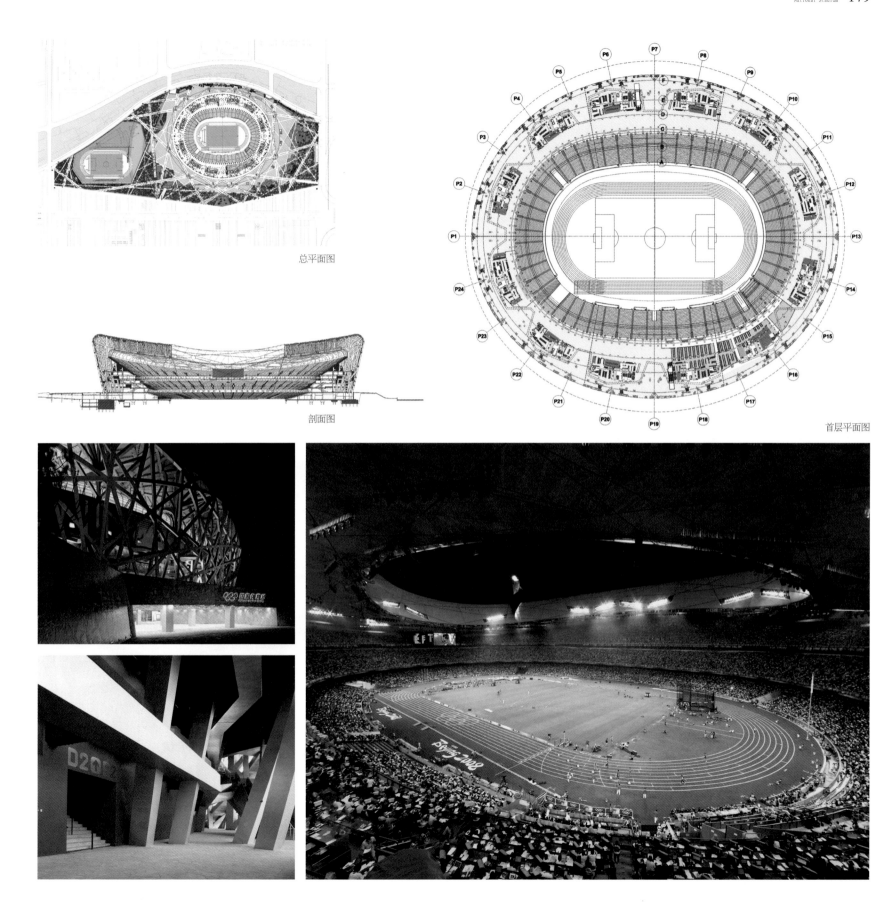

总平面图

剖面图

首层平面图

悉地国际设计顾问（深圳）有限公司

项目简介

济南奥体中心项目主体建筑包括体育场、体育馆、游泳馆和网球中心。规划布局西区独立布置主体育场，东区体育馆、游泳馆、网球中心呈"三足鼎立"之势。建筑设计攫取有地域特色的"柳"与"荷"为语言塑造富于韵律的形体，形成"东荷西柳"的格局。济南奥体中心承办第十一届全国全运会，设计最大限度地考虑平赛功能转换和运营空间，使项目不仅满足国际一流比赛标准，赛后也能持续发展，为新区的发展带来生机。

济南奥体中心的设计注重选用经济合理、适用于赛时及赛后要求的先进、成熟、可靠的技术，并且在建筑材料及大跨钢结构选型上均有创新研究。

项目概况

项目名称：济南奥林匹克体育中心

建设地点：山东济南

建筑面积：348350m²（一场两馆一中心）

建筑规模：80000座（一场两馆一中心）

设计时间：2005年

建成时间：2009年

设计单位：悉地国际设计顾问（深圳）有限公司

合作单位：ARUP
　　　　　济南同圆建筑设计研究院有限公司

结构形式：混凝土框架结构+空间管桁架钢结构

所获奖项：2011年第十届中国土木工程詹天佑奖
　　　　　2011年第六届中国建筑学会建筑创作优秀奖
　　　　　2011年度全国优秀工程勘察设计行业奖建筑工程二等奖

广州亚运馆

Guangzhou Asian Games Gymnasium

项目简介

广州亚运馆是2010年广州亚运会的标志性建筑。方案凭借其创新设计理念、独特的建筑体验、标志性与可实施性的绝佳平衡，在国际竞标中脱颖而出。

广州亚运馆提供体育馆、亚运博物馆等综合服务功能，通过参数化、一体化设计打造流动延展的金属屋面，统领多个场馆，场馆犹如珍宝隐藏其下。在场馆间、屋檐下的灰空间连贯舒展，体现了传统建筑文化和场所精神，轻盈飘逸的屋面，艺术化表现"彩带"设计意象，独具岭南建筑的神韵。

亚运馆充分利用三维模拟技术，在钢结构、金属屋面、幕墙等方面进行了创新性探索，这些探索及效果受到各方的高度评价。

项目概况

项目名称：广州亚运馆

建设地点：广东广州

设计时间：2007年

建成时间：2010年

建筑面积：65315m²

设计单位：广东省建筑设计研究院

结构形式：钢筋混凝土+空腹网壳结构

所获奖项：AAA2014亚洲建筑师协会荣誉奖

2013年香港建筑师学会两岸四地建筑设计大奖优异奖

2011年中国百年百项杰出土木工程

2011年全国优秀工程勘察设计行业一等奖

2011年中国建筑学会建筑创作优秀奖

第十届中国土木工程詹天佑奖

2010年度中国钢结构金奖（国家优质工程）金奖

2011年度广东省优秀工程勘察设计一等奖

1　体操馆　Gymnastics Hall　3　壁球馆　　Squash courts
2　台球馆　Pool house　　　4　亚运展览馆　Asian Games Exhibition Hall　　首层平面　F1 Plan

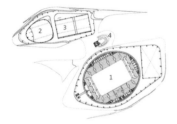

1　体操馆　Gymnastics Hall　3　壁球馆　　Squash courts
2　台球馆　Pool house　　　　　　　　　　　　　　　　　　　二层平面　F2 Plan

1　体操馆　Gymnastics Hall　3　壁球馆　　Squash courts
2　台球馆　Pool house　　　4　亚运展览馆　Asian Games Exhibition Hall　　三层平面　F3 Plan

1　体操馆　Gymnastics Hall
4　亚运展览馆　Asian Games Exhibition Hall　　四层平面　F4 Plan

惠州市金山湖游泳跳水馆

Jinshan Lake Swimming and Diving Hall, Huizhou

广东省建筑设计研究院

项目简介

金山湖游泳跳水馆是第十三届广东省运动会场馆之一，设有国际标准水上运动比赛场地。设计强调"和谐个性、动感活力、优雅合宜"。山水意向的总体设计在最大限度上体现出区域地形的特征，将建筑形态与周边自然环境相融合。自由飞扬的非线性建筑形体隐喻延绵起伏的山峦，运动员在水中搏击的阵阵波浪。重视内部空间的使用功能与观感效果，建筑造型与体育功能高度统一，形成有趣味且丰富的建筑空间。优美大气的跳台区设计是主体空间内的点睛之笔，呼应建筑形态应用独特结构技术。屋盖钢结构体系采用大跨度弯曲刚架-支撑体系，钢结构构件轻巧细致，有多项创新设计。其创新独特的建筑造型、空间体验及良好的赛后利用获得社会各界的广泛关注及高度评价。

项目概况

项目名称：惠州市金山湖游泳跳水馆

建设地点：广东惠州

设计时间：2006年

建成时间：2010年

建筑面积：24575m²

设计单位：广东省建筑设计研究院

结构形式：钢筋混凝土框架+大跨度弯曲钢架支撑体系

所获奖项：2011年第六届中国建筑学会建筑创作佳作奖
2011年全国优秀工程勘察设计行业奖-建设部优秀勘察设计二等奖
2011年广东省优秀工程勘察设计奖二等奖
2011年广东省第六次省注册建筑师优秀建筑佳作奖
2011年惠州市优秀工程设计一等奖

重要赛事：第十三届广东省运动会

惠州博罗县体育中心体育场

Sports Center Stadium, Boluo County, Huizhou

广东省建筑设计研究院

项目简介

惠州博罗体育场是2010年广东省第十三届运动会比赛场地之一，也是当时国内首次结合斜拉索、桅杆，实现大跨度悬臂钢桁架结构的专业体育场。

场馆分东西看台，看台下部钢筋混凝土结构，屋盖采用大跨度悬索桁架，顶面覆盖PVC张拉膜。西看台混凝土最高22.5m，顶盖最大悬跨39.1m。东看台混凝土最高17.6m，顶盖最大悬跨30.1m，最终形成两个倾斜的、新月状楔形体，呈悬浮状，使场馆轻盈灵动。

张拉膜桁架结构，采用仿生学设计，效仿人体主要关节，设多个可大角度转动的构造节点，随风力强度发生位移或静止，结构传力清晰、构件简洁，并保证结构刚度要求。

项目概况

项目名称：惠州博罗县体育中心体育场

建设地点：广东惠州

建筑面积：18621.9m²

结构形式：斜拉索、桅杆、大跨度悬臂钢桁架结构

建成时间：2013年

设计单位：广东省建筑设计研究院

所获奖项：2015年全国优秀工程勘察设计行业奖建筑结构二等奖

2015年广东省优秀工程勘察设计奖工程设计三等奖

2014年广东省优秀工程勘察设计公建类三等奖

广州自行车馆
Guangzhou Velodorme

广东省建筑设计研究院

项目简介

广州自行车馆为2010年广州亚运会场地自行车赛和花样轮滑表演赛场地，也是华南地区首座国际标准室内自行车赛馆。GDAD原创设计独立投标，并以国际竞标第一名中标实施。

方案设计以亚运会五羊会徽和自行车极限运动头盔为符号，通过透雕效果的椭圆形球体结构展现场馆主体形象。主入口设计参考岭南传统建筑的敞厅和骑楼，以敞开式大厅和环馆遮阳通廊，适应岭南地区气候特点，并结合多重节能技术，降低运营能耗。

场馆主体结构为预应力钢筋混凝土框架，屋面为局部双层钢网壳结构，长轴126m，短轴102m，是国内首例超限大跨度局部双层单层网壳结构。

项目概况

项目名称：广州自行车馆

建设地点：广东广州

建筑面积：26856m²

结构形式：预应力钢筋混凝土框架结构、局部双层钢网壳结构

建成时间：2010年

设计单位：广东省建筑设计研究院

所获奖项：2011年度全国优秀工程勘察设计奖亚运组二等奖
2011年度广东省优秀工程勘察设计奖一等奖

广州市花都区东风体育馆

Dongfeng Gymnasium, Huadu Disrtrict, Guangzhou

广东省建筑设计研究院

项目简介

东风体育馆是2010年广州亚运会新建场馆之一。目前是广州市花都区的西部城区文体中心，承担公共文体服务职责。建筑以简单实用为基调，采用椭圆形几何形体，以完整体量与周边环境取得平衡。方案设计简洁又不失细节，侧窗、天窗随四季天时为场馆引入丰富的光影变化。

建筑结构与建筑表皮、室内空间的一体化设计，力求结构与建筑形式的最佳平衡，在有限的结构空间中实现建筑使用空间的最大化。室内设计、景观设计与建筑功能等的整合设计，实现赛时功能完备，赛后利用方便的功能特点，贯彻可持续性设计的方针。结构设计借鉴"箍桶原理"，在国内首创环形管内预应力大跨度钢结构体系，结构构件截面小、安全性高，突破同类结构形式体育场馆用钢量的下限，有效降低工程造价，提高工程建设效率。

项目概况

项目名称：广州市花都区东风体育馆

建设地点：广东广州

设计时间：2008年

建成时间：2010年

建筑面积：37516m²

设计单位：广东省建筑设计研究院

结构形式：钢筋混凝土+肋环形大跨度环形预应力穹顶结构体系/单层网壳结构

所获奖项：2013年中国建筑设计奖（建筑结构）银奖

2011年全国优秀工程勘察设计行业奖——优秀勘察设计三等奖

2011年第十四届中国室内设计大奖赛学会奖

2011年广东省优秀工程勘察设计奖二等奖

2011年广东钢结构金奖"粤钢奖"

广东省第六次省注册建筑师协会优秀建筑佳作奖

重要赛事：2010年广州亚运会

2010年广州亚运会武术比赛馆（南沙体育馆）

2010 Guangzhou Asian Games Wushu Hall (Nansha Gymnasium)

华南理工大学建筑设计研究院有限公司

项目简介

南沙体育馆建设采用了钢筋混凝土结构及钢结构，比赛大厅主体钢结构部分采用了先进的环形张弦穹顶，主跨度达到了98m。建筑的平面布局，借鉴代代木体育馆的经典平面布局处理手法，沿切线方向外延，形成了适合广州亚热带气候特色的半开敞休息、活动空间。

设计中将组成体育馆的外壳的九个曲面单元，片片层叠，并分为南北两组以比赛大厅圆心为中心呈螺旋放射状展开，运用近似太极图的构成方式。此外结合广东独特的地域文化——海洋文化，借鉴了富有肌理变化的"海螺"外壳作为造型设计的意向，力求创造出一种蕴含了地域文化特征的建筑形态。

项目概况

项目名称：2010年广州亚运会武术比赛馆（南沙体育馆）

建设地点：广东广州

设计时间：2007年

建成时间：2010年

建筑面积：30236m²

设计单位：华南理工大学建筑设计研究院有限公司

结构形式：钢筋混凝土+钢结构

所获奖项：2011年国际奥委会、国际体育和休闲设施协会IOC/IAKS体育建筑铜奖

　　　　　2011年第六届中国建筑学会建筑创作奖佳作奖

　　　　　2011年广东省优秀工程勘察设计奖一等奖

　　　　　2011年国际体育建筑IOC/IAKS奖铜奖

　　　　　2012年第十届中国土木工程詹天佑奖

　　　　　2013年全国优秀工程勘察设计行业奖三等奖

重要赛事：2010年广州亚运会武术比赛

　　　　　2013—2015年3届WDC国际拉丁舞比赛

　　　　　2018年MakeX机器人挑战赛全球总决赛

2010 Asian Games in Provincial Swimming and Diving Hall

2010年亚运会省属游泳跳水馆

华南理工大学建筑设计研究院有限公司

项目简介

根据游泳跳水馆的结构处理形成的层级渐变、和缓起伏的总体形态，我们大胆运用蓝白两种颜色，间隔布置，形成穿插对比的动态造型，使矩形的体量展现出丰富的动感。主体造型采用双色螺旋流动造型，主体建筑白色和蓝色相间，既巧妙地隐喻了广州"云山珠水"的城市地理特征，又是对主体育场"飘带"曲线的延续。同时通过相互穿插流动造型，结合建筑朝向，很好地满足了建筑内部空间高度、采光通风、建筑节能以及合理布置设备管道的需求。

从喧嚣纷争的都市环境进入场馆，淡淡的天光从简单明确的屋架间隐隐泻下，一泓蔚蓝的清池，碧波荡漾。

项目概况

项目名称：2010年亚运会省属游泳跳水馆

建设地点：广东广州

设计时间：2007年

建成时间：2010年

建筑面积：33331m²

设计单位：华南理工大学建筑设计研究院有限公司

结构形式：钢筋混凝土结构+钢桁架结构

所获奖项：2011年中国建筑学会创作佳作奖
　　　　　2012年全国优秀工程勘察设计行业奖建筑工程二等奖
　　　　　2012年教育部优秀建筑工程设计一等奖

重要赛事：2010年亚运会游泳比赛、跳水训练和现代五项游泳比赛
　　　　　2010年亚洲残运会游泳比赛、IOC/OCA国际训练中心、国家南方训练基地

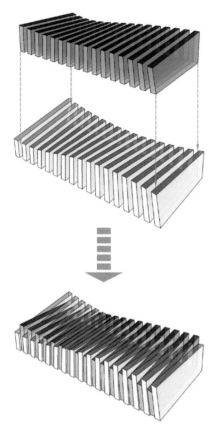

清华大学建筑设计研究院有限公司

项目简介

2008年北京奥运会射击馆的建筑设计从用地的环境状况和射击运动的文化内涵出发，追求建筑空间与运动特征的有机结合、与自然空间的亲切对话，体现突出人文、回归人本的理念。尽管有着巨大的体量，建筑设计还是致力营造细腻安静的质感，给人以放松亲切的精神感受，表达出以静制动、以巧搏力的射击运动特点，给运动员创造有利于发挥最佳状态的比赛环境。建筑设计以"林中狩猎"为理念，抽象表达射击运动的起源——弓弩的建筑意向，诠释树木森林的意念，将射击运动的人文色彩和场所特征融入建筑语言。建筑空间中引入阳光、绿树、风等自然元素，通过"渗透中庭"、"呼吸外壁"、"室内园林"等将自然环境引入室内，实现室内外空间互相渗透、生态宜人、清新健康的内部环境。建筑设计以给运动员提供最佳比赛条件，给观众提供最佳的观赛条件为出发点，将建筑合理的功能布局、恰当的空间组织以及顺畅的流线关系作为设计的首要任务。通过平面、空间两个层面的组织，形成合理高效的建筑功能体系。充分体现"绿色奥运"精神，运用成熟、可靠、易行的生态建筑技术，在较低的建筑造价控制下，创造合理、舒适的比赛、观赛条件。

项目概况

项目名称：2008年北京奥运会射击馆

建设地点：北京昌平

建成时间：2010年

建筑面积：21000m²

设计单位：清华大学建筑设计研究院有限公司

所获奖项：2008年国家优质工程鲁班奖

　　　　　2008年第八届中国土木工程詹天佑奖

　　　　　2008年度全国优秀工程勘察设计银奖

　　　　　2009年北京市第十四届优秀工程设计一等奖

　　　　　北京市奥运工程规划勘察设计测绘绿色设计奖

　　　　　2008年第五届中国建筑学会建筑创作奖佳作奖

　　　　　2007年中国室内设计协会文优秀室内设计奖

　　　　　第十届首都规划设计展"十佳"设计方案奖

　　　　　第十届首都规划设计展公共建筑优秀设计方案奖

重要赛事：2008年北京奥运会

中国北方射击场
North China Shooting Range

清华大学建筑设计研究院有限公司

项目简介

用地周边群山环绕，果蔬繁茂，空气干净而透明。既有建筑则为20世纪50~60年代多层建筑，陈旧而平淡。设计力图扭转不利条件，提升整体环境，诗意地解决矛盾。远射兵器的基本属性是追求速度、力度和精度。设计构思以此为出发点，用象征射击轨迹的多向斜线划分了场地和流线，用大尺度不同朝向的窗洞口构成建筑体块，形成刀砍斧切、棱角分明，具有速度感、震撼力和感染力的空间形态。与粗犷大气的形体相协调，外立面大面积选用漫反射效果良好的灰白色涂料，搭配少量富有质感的水泥挂板和木挂板。140m长白色体块，在阳光下产生强烈的光影效果。体量横长但并不割裂人与山体的亲近，开放式的射击位、绿化中庭以及通透的入口空间，都为人们提供了观山的视野。

项目概况

项目名称：中国北方射击场

建设地点：北京

建成时间：2010年

建筑面积：21000m²

设计单位：清华大学建筑设计研究院有限公司

所获奖项：2013年北京市优秀设计二等奖

上海东方体育中心
Shanghai Oriental Sports Center

上海建筑设计研究院有限公司

项目简介

东方体育中心为承办2011年国际泳联世界锦标赛而建，包括综合馆、游泳馆、室外跳水池和新闻中心。各场馆将分别承担游泳、花样游泳、水球、跳水、公开水域等比赛。赛后整个项目还将作为城市滨江体育文化公园投入使用。

项目运用了诸多新材料、新技术，如地暖、湖水净化、湖水源热泵、中水利用、浮式地坪等。为了创建出整体的标志性的建筑形态，水体作为一个元素以湖的形式连接了各单体。体育馆，新闻服务中心被规划在11m高的平台上，坐落在湖面上。在北面一条轻缓蜿蜒的岸线环绕着圆形的主体育馆，在南面的笔直岸线则来源于长方形的游泳馆。建筑体间由桥和水体连接。

项目概况

项目名称：上海东方体育中心

建设地点：上海

设计时间：2008年

建成时间：2011年

建筑面积：187943m²

设计单位：上海建筑设计研究院有限公司

合作单位：德国gmp建筑师事务所

结构形式：钢筋混凝土+钢结构

所获奖项：2013年度全国优秀工程勘探设计行业建筑工程公建项目一等奖
2013年度上海市优秀工程勘察设计项目一等奖
2013年IOC/IAKS国际体育建筑奖金奖

重要赛事：第14届国际泳联世界锦标赛
2015年世界花样滑冰锦标赛赛场

上海东方体育中心跳水池
Shanghai Oriental Sports Center Diving Pool

同济大学建筑设计研究院（集团）有限公司

项目简介

上海东方体育中心是2011年第十四届国际泳联世界锦标赛的主赛场。室外跳水池坐落于人工湖的岛上，建筑外观造型呈半月形，开口向朝西可远望至黄浦江，在开放式的座席上，运动员和观众可以从不同角度欣赏整个东方体育中心，纵览浦江两岸的水岸景观。室外跳水池包含一个跳水池和一个10泳道标准游泳池，设置座位5000个。整个外观造型由18榀悬臂钢结构，彼此之间通过横向杆件及张拉索形成稳定的整体，建筑结构与建筑造型及空间巧妙的结合在一起，外立面采用铝单板+膜结构。

项目概况

项目名称：上海东方体育中心跳水池

建设地点：上海

设计时间：2009年

建成时间：2011年

建筑面积：10515m²

设计单位：同济大学建筑设计研究院（集团）有限公司

合作单位：德国gmp建筑师事务所

结构形式：钢筋混凝土+钢结构

所获奖项：国际奥委会优秀体育和娱乐设施金奖

重要赛事：2011年第十四届国际泳联世界锦标赛的主赛场

福建莆田体育中心
Fujian Putian Sports Center

同济大学建筑设计研究院（集团）有限公司

项目简介

以"海韵"为设计理念，通过总体空间处理和建筑形态塑造，力图体现海的神韵。从结构选型的合理性、经济性着手，大空间屋面采用了单曲面形式，既为结构设计、屋面设计及构件加工和施工的经济性创造了条件，又是"海韵"理念造型的基本元素。建筑形态完全反映了内部功能、空间关系和结构系统，三者有机地结合在一起。在建筑语言运用上，采用了曲线、曲面及现代材料的铝板和玻璃，使建筑极具现代感，侧面自由的开窗既保证了内部采光的需要，也使得整个建筑显得轻快、活泼。注重整体设计，旨在创造一个完整的群体构图，主体突出、层次分明，体育馆、游泳馆、训练馆各具特色，又浑然一体。主体建筑建在一层开发用房上，充分考虑了赛后运营开发功能。

项目概况

项目名称：福建莆田体育中心

建设地点：福建莆田

设计时间：2006年

建成时间：2010年

建筑面积：47422m²

设计单位：同济大学建筑设计研究院（集团）有限公司

结构形式：钢筋混凝土+钢结构

重要赛事：2010年福建省第十四届运动会

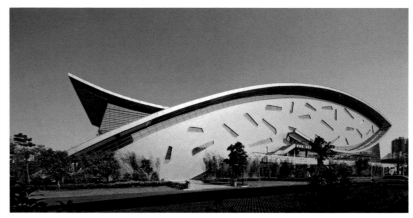

江苏常熟体育中心

同济大学建筑设计研究院（集团）有限公司

项目简介

在总体布局中强调了体育场的中心位置和与城市发展主轴的对应关系，因此体育场设计成西看台高于东看台。强调了场馆与环境景观的协调，让建筑融入水系绿化中。将游泳和跳水分设两个馆内充分考虑了比赛的观赏性和赛后游泳馆对外开放的经济性，同时也丰富了游泳馆形象。三个场馆从形式到结构，实现了创新性的自装饰化设计，而结构又反馈于形式，很好地诠释了形式与结构一体性设计的初衷。体育馆采用了空间与功能的复合性设计理念，赛时可以满足手球、室内足球、排球、篮球等多种比赛功能。平时场地可以在重新布置后满足多种体育健身运动的需求及文艺汇演或展览会场。在一层和地下部分设置了固定的羽毛球场地和网球场地，周边设置了健身瑜伽等功能，保证了体育馆全时段的可持续运营。

项目概况

项目名称：江苏常熟体育中心

建设地点：江苏常熟

设计时间：2006年

建成时间：2010年

建筑面积：91936m²

设计单位：同济大学建筑设计研究院（集团）有限公司

结构形式：钢筋混凝土+钢结构

所获奖项：2015年度全国优秀工程勘察设计行业奖三等奖

重要赛事：2006年江苏省第十六届运动会

中国现代五项赛事中心
China Modern Pentathlon Sports Center

中国建筑西南设计研究院有限公司

项目简介

项目位于成都市双流县正兴镇，占地341.11亩，设有室外马术障碍赛场、跑射联项赛场及5000座观众看台、3000座游泳击剑馆、赛事中心、马厩及承接国际赛事相关的附属设施。设计与建设严格按照国际现代五项联盟的最新标准及要求，首次实现将游泳、击剑、马术、跑步、射击五个比赛项目的场馆集约规划的全新理念。国际现代五项联合会（UIPM）主席克劳斯·舒曼认为成都"中国现代五项赛事中心"将作为今后世界现代五项赛事场馆建设的标准。

铝合金单层网壳的新结构体系运用，创造该结构体系在当时的国内之最。

项目概况

项目名称：中国现代五项赛事中心

建设地点：四川成都

设计时间：2009年

建成时间：2010年

建筑面积：马术、跑射体育场11704m²，游泳击剑馆29714m²

设计单位：中国建筑西南设计研究院有限公司

结构形式：钢筋混凝土+铝合金单层网壳结构

所获奖项：2015年全国优秀工程勘察设计奖建筑工程三等奖
　　　　　2013年四川省工程勘察设计"四优"一等奖

重要赛事：2010、2011年现代五项世锦赛
　　　　　2012、2013年现代五项世界杯

南昌国际体育中心
Nanchang National Sports Center

悉地国际设计顾问（深圳）有限公司

项目简介

南昌国际体育中心场地位于南昌市红谷滩新区，为承办全国第七届城市运动会建设，规划设计以一条南北向的横轴和三条东西向的纵轴形成端正的布局，与城市的肌理相呼应。

体育场结合运动员接待中心设在场地的北侧，其他各场馆则形成相对独立的群体组团布置在场地的南面，横贯场地东西设中心大平台，将观众引入各场馆的主要入口。

体育场外立面采用复合铝板外包立面钢结构交叉杆件形成通透菱形方格。充分尊重和体现结构逻辑的同时，形成通透、统一、现代的立面形式。通透的外立面使内部房间拥有良好的视野并有利于内部空间的通风和排烟，使内部空间具有舒适的物理环境。

项目概况

项目名称：南昌国际体育中心

建设地点：江西南昌

建筑面积：187678m²（一场三馆）

建筑规模：71470座（一场三馆）

设计时间：2007年

建成时间：2011年

设计单位：悉地国际设计顾问（深圳）有限公司

结构形式：混凝土框架结构+空间管桁架钢结构

所获奖项：2014年第五届中国建筑学会优秀暖通空调工程设计奖三等奖

深圳湾体育中心
Shenzhen Bay Sports Centre

北京市建筑设计研究院有限公司、株式会社佐藤综合计画

项目简介

该馆为第26届世界大学生夏季运动会开幕式和乒乓球比赛场馆。项目创意为城市"春茧"，将体育场、体育馆和游泳馆置于一个白色的巨型网格下，既节约了用地，又统筹了空间。线条柔美的屋顶犹如孕育破茧而出冲向世界的运动健儿的孵化器。

"春茧"以开放式空间方便市民出入，达到了人与自然相融合。体育场一侧结合海边，大胆地"切"出了一个通透的剖面，像一个开放的"落地窗"，在体育场里可以看到大海，呈现无敌景观。在这个剖面上设计了一个横跨120m的展望观光天桥，市民可以喝着咖啡观赛赏景。

"春茧"体现城市梦想，城市活力，城市激情。

项目概况

项目名称：深圳湾体育中心

建设地点：广东深圳

设计时间：2008年

建成时间：2011年

建筑面积：335298m²

设计单位：北京市建筑设计研究院有限公司
　　　　　株式会社佐藤综合计画

结构形式：钢筋混凝土框架-剪力墙+钢结构屋盖混合结构

所获奖项：2014年第十二届中国土木工程詹天佑奖
　　　　　2011年首都第十八届城市规划建筑设计方案汇报展优秀方案奖
　　　　　2012—2013年度国家优质工程奖
　　　　　2013年全国优秀工程勘察设计奖建筑工程公建一等奖

2013年全国优秀工程勘察设计奖建筑结构专业一等奖

2013年全国优秀工程勘察设计奖建筑环境与设备专业一等奖

2013年度北京市第十七届优秀工程设计"公共建筑"一等奖

2013年度北京市第十七届优秀工程设计建筑结构一等奖

2013年度北京市第十七届优秀工程设计建筑环境与设备一等奖

2013年中国建筑学会第八届全国优秀建筑架构设计奖一等奖

超长大跨度复杂结构体系关键技术研究获2013年华夏建设科学技术奖三等奖

重要赛事：2011年第二十六届世界大学生运动会

Shenzhen Maritime Sports Base and
Navigation Sports School

深圳海上运动基地暨航海运动学校

北京市建筑设计研究院有限公司

项目简介

该项目为举办第26届世界大学生运动会帆板比赛建设，是一个集海上运动训练和教学培训的综合性运动基地。航海运动学校赛时可转换为大运会运动员配套服务设施，共同担负赛事接待任务。

本项目在建筑体量设计上，采用弱化建筑，以简单形式统一散落的建筑单体，化零为整，突出建筑群落关系。简单的"矩形盒子与水平条板"为构成元素，在限定的建筑模数与尺度控制下，通过扭转、挪移这两种变异的手法去演绎空间，形式自由趣味。室内设计与室外建筑风格相呼应，风格简洁有力。

项目概况

项目名称：深圳海上运动基地暨航海运动学校

建设地点：广东深圳

设计时间：2008年

建成时间：2011年

建筑面积：10480m²

设计单位：北京市建筑设计研究院有限公司

结构形式：钢筋混凝土框架-抗震墙

所获奖项：2013年全国优秀工程勘察设计奖建筑工程公建一等奖
　　　　　2013年北京市第十七届优秀工程设计"公共建筑"二等奖

重要赛事：2011年第二十六届世界大学生运动会帆船比赛

深圳市宝安体育场

Shenzhen Baoan Stadium

华南理工大学建筑设计研究院有限公司

项目简介

宝安体育场是2011年深圳大运会期间足球比赛的场地，设计以深圳亚热带特有的竹林作为建筑设计的灵感，屋盖采用轻盈的膜结构使整体看上去犹如一朵巨大的浮云升腾于竹林之上，具有极好的抗震性能。竹林的设计构思充分体现了岭南地域文化特色，索膜结构屋面表达了南方建筑轻盈、灵巧的建筑文化气质。

整个体育场屋盖罩棚采用的具有空间马鞍面造型的微椭圆形结构体系为国内首创，同时在国际上也处于先进水平。此外，对所有张拉钢索应用了定尺定长的设计思路，并辅之以全计算机控制的同步张拉技术，极大地提高了施工精度。

项目概况

项目名称：深圳市宝安体育场

建设地点：广东深圳

设计时间：2008年

建成时间：2011年

建筑面积：97712m²

设计单位：华南理工大学建筑设计研究院有限公司

合作单位：德国gmp建筑师事务所

结构形式：马鞍形车辐式张拉索膜结构

所获奖项：2013年国际奥委会、国际体育和休闲设施协会IOC/IAKS金奖

2013年第十一届中国土木工程詹天佑奖

2013年教育部优秀建筑设计一等奖

2013年全国优秀工程勘察设计行业奖一等奖

2017—2018年中国建筑设计奖建筑创作金奖

重要赛事：2011年第26届大运会竞技体操和艺术体操项目

2018年世界杯足球赛亚洲区预选赛

2017年同道伟业中国足球协会乙级联赛

洛阳新区体育中心体育场
Stadium of Luoyang New Zone Sports Center

清华大学建筑设计研究院有限公司

项目简介

洛阳新区体育中心体育场建设地点位于洛阳新区体育中心人洪湖西侧，西邻大学路，是洛阳新区体育中心二期工程的主要场馆之一，功能包含4万人综合体育场及其附属配套设施。

体育场内场为椭圆形，建筑外围投影为正圆形，与体育中心其他场馆形成呼应。建筑可满足国家级田径、足球项目比赛及各类大型社会活动。

四角场地通道讲看台和辅助用房分为东西南北四个相对独立的分区，其中：西区为贵宾区，赛事组委会，办公，运动员、裁判员休息室，媒体用房等。东区为体育宾馆，接待能力约400人。南北区为设备用房，体育器材仓库等。观众席分为上下两层，其中，上层看台位于场地东西两侧。两层看台间为贵宾包厢及设备控制用房，主席台位于西看台下层中央位置。观众经由四个方向的大台阶由二层进入观众席，上层观众则通过专用楼梯上到座席区，与首层的功能用房人流互不干扰，观众席总数39800座。

该项目的建成使洛阳新区体育中心成为中原地区规模最大、功能最全、设施最先进的综合性体育中心。

项目概况

项目名称：洛阳新区体育中心体育场

建设地点：河南洛阳

设计时间：2010年

建筑面积：45220m²

设计单位：清华大学建筑设计研究院有限公司

所获奖项：2011年第七届中国建筑学会优秀建筑结构设计奖二等奖

2012年北京市第十六届优秀工程设计奖一等奖

2013年度全国优秀工程勘察设计行业奖三等奖

2013年度教育部优秀设计奖结构二等奖

鄂尔多斯市东胜体育场
Ordos Dongsheng Sport Center

中国建筑设计研究院有限公司

项目简介

东胜体育场是东胜体育中心的主体建筑，其高达129m的巨型主钢拱既是体育场的结构核心，也象征着蒙古族的弯弓，强烈收分的碗状形体则强化了结构的力量，这与体育中心覆盖于连绵屋盖下的两个体育馆形成了体形态势上的虚实对比和协调。采用可开合屋盖，覆高透光PTFE膜材，面积达10000m²，是目前国内可容纳人数最多的开合屋盖体育场馆。看台座椅采用白至绿的间色过渡，将屋顶与场地自然地联系起来。

为了应对当地恶劣的气候，外墙较为封闭，只有少数异形洞口穿插其间。立面采用白色冰裂纹混凝土挂板，以32块组成可重复的基本单元，通过沿不同角度的凿毛处理，可以随光照的变化产生丰富的外观效果。

项目概况

项目名称：鄂尔多斯市东胜体育场

建设地点：内蒙古鄂尔多斯

建筑面积：100451m²

建筑规模：35000座

设计时间：2008年

建成时间：2011年

所获奖项：2013年全国优秀工程设计行业奖二等奖
　　　　　2011年中国建筑学会优秀结构设计奖一等奖
　　　　　2012年北京市优秀工程设计奖一等奖

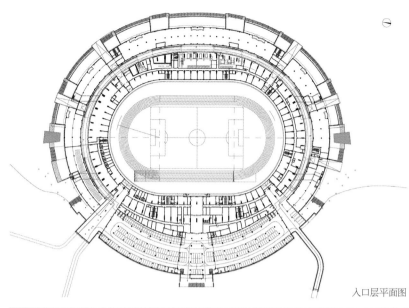

入口层平面图

贺兰山体育场

He lan Mountain Stadium

北京市建筑设计研究院有限公司、宁夏建筑设计研究院有限公司

项目简介

贺兰山体育场是宁夏回族自治区最大的体育建筑，不仅能承接国家单项赛事、洲际赛事、国内综合赛事，还可举办大型群众集会等活动。

设计以伊斯兰装饰图案为构思，采用对称布局手法，以绿化及停车场的向心性构图为基础，辅以生态、绿色技术手段，以大面积绿化为背景，以庄重典雅的地面铺装为肌理，烘托体育场连续完整的尖拱造型，象征宁夏回族自治区各民族团结的和谐景象。主体建筑立面以不同透明度实心聚碳酸酯板材质的变化形成主要肌理。东西两侧功能用房立面采用隐框幕墙加富有伊斯兰特色的单元金属装饰板，形成建筑内部丰富的光影效果。

项目概况

项目名称：贺兰山体育场

建设地点：宁夏银川

设计时间：2008年

建成时间：2012年

建筑面积：107395m²

设计单位：北京市建筑设计研究院有限公司
　　　　　宁夏建筑设计研究院有限公司

结构形式：观众席为现浇钢筋混凝土框架-剪力墙
　　　　　罩棚为钢结构

所获奖项：2011年首都第十八届城市规划建筑设计优秀方案奖
　　　　　2015年全国优秀工程勘察设计奖建筑工程三等奖
　　　　　2015年全国优秀工程勘察设计奖建筑结构二等奖
　　　　　2015年北京市第十八届优秀工程设计二等奖
　　　　　2015年北京市第十八届优秀工程设计建筑结构二等奖
　　　　　2016年第九届全国优秀建筑结构设计奖三等奖

梅
县
体
育
中
心

Guangdong Meixian Sports Center

华南理工大学建筑设计研究院有限公司

项目简介

梅县体育中心，功能以满足作为"足球之乡"的梅县举办足球比赛为主要要求，看台依山而建，以融入自然山体的手法，最大限度减少建设项目对原有山体的影响。外墙采用兼顾乡土和现代气息的石笼墙，石块取自当地石材，融入自然山体的主题。屋盖设置环形天窗，可为比赛厅和热身馆提供自然采光。

文体中心的屋顶直径长达112m，使人联想到客家传统围龙屋，外墙采用竖向排列陶土棍，并选用接近客家传统民居墙体颜色的土黄作为主体基调，通过疏密有致的排列，形成具有客家文化气息的外立面效果，同时满足内部的采光和遮阳效果。

项目概况

项目名称：梅县体育中心

建设地点：广东梅县

设计时间：2009年

建成时间：2012年

建筑面积：文体中心22136m²，体育场5700m²

设计单位：华南理工大学建筑设计研究院有限公司

结构形式：钢筋混凝土+钢结构

所获奖项：2013年广东省优秀工程勘察设计工程设计二等奖

重要赛事：2012年中国足球协会乙级联赛的主赛场

梅州市"广州富力·李惠堂贺岁杯"足球邀请赛

镇江市体育会展中心
Zhenjiang Sports and Exhibition Center

中国建筑西南设计研究院有限公司

项目简介

项目位于镇江南徐新城，包括28900座的体育场、6400个座席和470个展位的体育会展馆、1000座游泳跳水综合训练馆等。以"镇江魂"为总体构思，代表吴越文化、海洋文化、南方文化的蓝色飘带，和代表楚汉文化、大陆文化、北方文化的红色飘带，在南山脚下冲突、融合，形成宏伟的建筑形象。修复破碎采石场作为体育场南面对景和观景台，整治水塘以形成水景，结合园林、广场、绿化，构建层次丰富的绿色体育公园。

场馆结合：将体育馆与会展馆结合，将体育学校布置在体育场东看台下，将游泳馆与多种训练馆结合，多种整合为三个建筑，节约土地，节省投资。技术：体育会展馆采用10榀跨度52~112m的张弦桁架，体育场顶棚采用悬挑40m的平行弦桁架，综合训练馆大空间采用59m×34m钢网架混凝土楼板。强调智能建筑理念，增加空间舒适性，节省运行费用。

项目概况

项目名称：镇江市体育会展中心

建设地点：江苏镇江

设计时间：2009年

建成时间：2012年

建筑面积：77350.44m²

设计单位：中国建筑西南设计研究院有限公司

结构形式：张弦桁架+悬挑40m平行弦桁架结构

所获奖项：2017年全国优秀工程勘察设计行业奖建筑工程三等奖
2015年四川省工程勘察设计"四优"一等奖
第九届空间结构设计金奖

重要赛事：2017年全国残疾人田径锦标赛
2018年江苏省第十届残疾人运动会

天津海河教育园区体育中心及公共实训中心

中国建筑设计研究院有限公司

项目简介

体育中心位于海河教育园区的景观生态绿廊内，容纳了体育场、体育馆、游泳馆和实训中心等多种活动设施。通过延伸周边多所高校的主轴线，并与景观绿廊衔接，设计形成了简洁有序的规划结构。体育中心明确完整的卵形用地，与周边原生态的湿地景观形成强烈对比。三个场馆围合的中心平台，成为衔接各场馆的枢纽，为师生提供了丰富的交流活动空间。建筑造型有意摒弃突出单体建筑的方式，通过加强建筑群的整体性形成体育中心的标志性特征。

项目概况

项目名称：天津海河教育园区体育中心及公共实训中心

建设地点：天津

建筑面积：132000m²

建筑规模：体育场30000座，体育馆5000座，游泳馆1500座

设计时间：2009年

建成时间：2012年

所获奖项：2015年全国优秀工程设计行业奖二等奖
　　　　　2012年北京市优秀工程设计奖二等奖

总平面图

大连市体育中心体育场体育馆
Dalian Sports Center—Stadium and Gymnasium

哈尔滨工业大学建筑设计研究院

项目简介

体育场造型结合看台布置，东西两侧高，南北两侧低，形成马鞍形，与内场空间紧密结合。造型采用了世界先进的充气枕结构，形成了飘逸动感的建筑形态，同时在夜晚通过气枕透射出人工光，形成了标志性的城市建筑形象。整体造型寓意"运动生生不息"，表皮设计中通过对于气枕形态、色彩和质感的布置，形成了体育场罩棚整体向心、灵动的外观形象，与体育中心其他建筑"形异意合"。体育馆造型则围绕一条空间的螺旋线展开，形体流畅完整，好似一个巨大的陀螺，亦可想象成为海风、水的旋涡等具象形态，形成体现大连独特的地域文化特征的感官体验。同时体育馆主体屋盖钢结构造型新颖，该结构创新的采用了巨型网格弦支穹顶结构，结构体系先进，受力合理，达到了轻盈美观的效果，实现了亚洲目前最大跨度的弦支穹顶结构。

项目概况

项目名称：大连市体育中心体育场体育馆
建设地点：辽宁大连
设计时间：2009年
建成时间：2013年
建筑面积：体育场115000m²；体育馆81000m²
设计单位：哈尔滨工业大学建筑设计研究院
结构形式：体育场——钢筋混凝土框架体系+钢结构
　　　　　桁架体系
　　　　　体育馆——巨型网格弦支穹顶结构
所获奖项：大连市体育中心体育场
　　　　　2013年度黑龙江省优秀建筑设计方案一等奖
　　　　　2015年度黑龙江省优秀工程设计一等奖
　　　　　2017—2018中国建筑设计奖建筑创作金奖
　　　　　大连体育中心体育馆
　　　　　2012年第八届空间结构奖设计金奖

2013年第四届全国建筑结构技术交流会
"结构设计技术创新奖"二等奖
2013年中国建筑设计奖（建筑结构）
金奖
2014年度黑龙江省优秀工程设计壹等奖
2015年度全国优秀工程勘察设计行业奖公建类一等奖
2016年中国建筑学会优秀给水排水设计一等奖（公共建筑类）
2017年中国建筑设计奖（建筑给排水）

重要赛事：2013年第十二届全国运动会
2016年国际足联A级赛事中国对哈萨克斯坦
2017拳圣天下WBO亚洲拳击冠军赛
中国足球协会超级联赛大连一方足球俱乐部主场

大连市体育中心网球场
Dalian Sports Center—Tennis Court

哈尔滨工业大学建筑设计研究院

项目简介

网球场设计以平凡建筑思想为原则，通过将纯净的混凝土主场结构与挺拔俊逸的钢构侧壁有机组合，创作出钢与混凝土对话的建筑语境。网球场原型从中心场馆总体规划的飘逸灵动自然之美中汲取灵感，在规整的建筑形体中引入"绿墙"概念，东西方向布置钢构侧壁，覆以四季变化的植被和玻璃与穿孔金属板，产生自然丰富的色彩变化。完美的形体组合通过强烈的材料对比、色彩对比，呈现出极具张力的视觉效果，赋予建筑不同凡响的体育建筑新风貌。网球场充分体现了现代体育建筑完整、简约、力量的形态特征，建筑结构与建筑功能有机融合，空间与形体完美统一，最大限度体现了节约材料，降低造价、节能环保的平凡设计理念。

项目概况

项目名称：大连市体育中心网球场

建设地点：辽宁大连

设计时间：2009年

建成时间：2013年

建筑面积：43000m²

设计单位：哈尔滨工业大学建筑设计研究院

结构形式：主体结构采用钢筋混凝土框架结构

所获奖项：中国建筑奖WAAACA2014 WA技术进步奖·佳作奖
2015年度黑龙江省优秀工程设计一等奖

重要赛事：WTA大连国际女子网球公开赛

大庆奥林匹克体育中心
Daqing Olympic Sports Center

哈尔滨工业大学建筑设计研究院

项目简介

大庆奥林匹克体育中心项目由3000座游泳馆、6500座体育馆、3000座速滑馆以及新闻中心等功能组成。方案挖掘水的灵动意象作为创作理念，追本溯源，再现大庆草原湿地，百湖辉映的美好景象。规划将地块划分成三个片区，由主、次园路以及景观相互围合而成，通过三个体育场馆分别控制三个功能区块。体育中心整体采用设计和施工技术较为成熟的网壳结构，节约造价。通过适当设置天窗和高侧窗引入自然光，给场馆室内提供天然的照明和通风，减少了用电量。设计本着"以副养馆"的理念，充分考虑了三个场馆的赛后利用情况。各馆赛时用房均使用轻质墙体分隔，有利于赛后灵活划分空间，或作为商业开发用房，以期改变传统体育中心功能单一，经营困难的局面。

项目概况

项目名称：大庆奥林匹克体育中心

建设地点：黑龙江大庆

设计时间：2009年

建成时间：2013年

建筑面积：97000m²

设计单位：哈尔滨工业大学建筑设计研究院

结构形式：网壳结构

所获奖项：2012年度第八届空间结构奖设计金奖

重要赛事：WCBA2014年全明星赛

江门市滨江体育中心
Jiangmen City, Binjing Sports Center

华南理工大学建筑设计研究院有限公司

项目简介

本项目以可持续性为主要原则，着力打造满足大型赛事和全民健身的体育中心，融入城市的"体育公园"的"城市地标"。"场馆合一"的设计，整体规划结构为"一心、两核、一轴、两带、两区"，以"江门之矩"景观雕塑作为场地的景观核心，体育场与体育馆作为建筑核心分布在南北两区。穿越建筑的主步行带与广场带贯通南北，联系南北两区建筑群。

方案结合江门岭南水乡及五邑侨乡的地域特性及场所精神，以游泳馆、会展馆的韵律布局还原江门"百舸争流，龙腾江门"的龙舟、船舶意向；以体育馆、体育场的圆形布局及条式的屋顶、立面分割还原"葵乡情浓，江门五邑情"的蒲葵意向。

项目概况

项目名称：江门市滨江体育中心

建设地点：广东江门

设计时间：2013年

建成时间：2013年

建筑面积：214817m²

设计单位：华南理工大学建筑设计研究院有限公司

结构形式：钢筋混凝土框架结构+大跨度平面钢管桁架体系

所获奖项：2015年教育优秀规划设计三等奖
　　　　　2016年广东省首届BIM应用大赛三等奖
　　　　　2017年广东省优秀城乡规划设计奖三等奖

重要赛事：2018年国际排联新联赛女排及男排赛事
　　　　　2018年江门男子职业篮球争霸赛

天作建筑研究院

辽东湾红袖体育中心

Liaodong Bay Red Sleeve Sports Center

项目简介

辽东湾红袖体育中心为第十二届全运会重点工程，体育中心由一场三馆及一层商业综合体组成。辽东湾体育中心既是一组具有体育比赛功能的建筑群，也是一个全民参与、全民健身和公众休闲的开放空间，更是一张彰显地域特色的城市名片。红飘带隐喻盘锦红海滩"仙女红袖落凡间"的美好传说，展现地域风貌，形成区域性地标与文化象征。科技集约——强调科技创新，采用索膜结合的轻量化建筑与结构体系，缩短工期、节约材料；数字技术——采用先进数字技术，提高了设计的效率与精确度，实现了从设计到施工的全过程数字化控制；材料技术——采用PTFE织物为立面材料，兼顾建筑效果与抗风耐腐，相关成果获国际工业织物联合会IFAI优胜奖。

项目概况

项目名称：辽东湾红袖体育中心

建设地点：辽宁盘锦

设计时间：2011年

建成时间：2013年

建筑面积：122978m²

设计单位：天作建筑研究院
　　　　　中国航空规划设计研究总院有限公司

结构形式：钢筋混凝土+张拉索膜结构\张弦网壳等

所获奖项：2016年度中国建筑学会创作奖入围项目
　　　　　2014年度辽宁省优秀工程勘察设计一等奖
　　　　　2014年辽宁省优秀建筑创作奖
　　　　　2013年中国钢结构金奖（国家优质工程）

重要赛事：2013年十二届全运会足球、排球比赛
　　　　　2015赛季中国足球超级联赛
　　　　　2018年辽宁省第十三届运动会

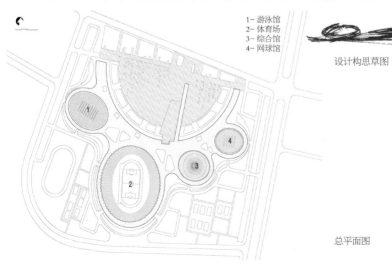

1- 游泳馆
2- 体育场
3- 综合馆
4- 网球馆

设计构思草图

总平面图

徐州奥体中心
Xuzhou Olympic Sports Center

中国建筑西南设计研究院有限公司

项目简介

徐州市奥体中心占地约709亩，总建筑面积约20.5万m²，包括35000座体育场、2000座综合训练馆、2000座游泳跳水馆、球类训练馆、配套商业及车库等。

徐州为历代兵家必争之地，"化干戈为玉帛"是当今城市最好的写照。设计以"玉"和"帛"为构思源泉，以体现徐州的地域特色和历史文脉。

古玉般的体育场刚柔并济；建筑群馆连绵起伏，形似飘逸的绸缎，内外空间吻合；市树银杏叶片的抽象纹理，精美细腻。

贯彻"注重经营、兼顾比赛"的指导方针，设备配套完善齐全，便于多功能和可持续使用。

项目概况

项目名称：徐州奥体中心

建设地点：江苏徐州

设计时间：2011年

建成时间：2013年

建筑面积：体育场54400m²，游泳跳水馆30500m²，综合训练馆31033m²，球类馆27600m²，
        宾馆38130m²，商业建筑27500m²

设计单位：中国建筑西南设计研究院有限公司

结构形式：车辐式索承网格结构

所获奖项：2017年全国优秀工程勘察设计行业奖建筑工程二等奖
        2015年四川省工程勘察设计"四优"一等奖
        2017年第十届空间结构奖工程设计金奖

重要赛事：2014年第十八届江苏省运会

湛江奥林匹克体育中心
Zhanjiang Olympic Sports Center

悉地国际设计顾问（深圳）有限公司

项目简介

湛江奥林匹克体育中心占地57.63公顷，由40000座体育场、6000座体育馆、2000座游泳馆以及1000座的球类馆组成，2015年承办广东省第十四届省运会。

场馆建筑造型以"海之贝"为总设计理念，形体简洁、纯净。体育场采用膜结构使建筑有轻透的特点，三馆采用"贝壳"形态，看似随意地在岸边形成俏皮丰富的形态，一场三馆沿海岸线一字形展开，取得最宽的沿海展示面，打造丰富的沿海天际线，展现了湛江海滨城市的风貌特点。

项目概况

项目名称：湛江奥林匹克体育中心

建设地点：广东湛江

建筑面积：180519m²（一场三馆）

建筑规模：49275座（一场三馆）

设计时间：2011年

建成时间：2014年

设计单位：悉地国际设计顾问（深圳）有限公司

结构形式：混凝土框架结构+空间管桁架钢结构

乐清市体育中心

Yueqing Sports Center

悉地国际设计顾问（深圳）有限公司

项目简介

乐清市体育中心由体育场、体育馆、游泳馆以及配套设施组成，总图布局自由舒展，充分体现了"山水、乐清"的地域文化特点，创造出一个动静相宜、诗情画意、兼容并蓄的标志性建筑形态。体育场设计理念源于水面涟漪的动态，层层水波推开呈月牙状，强调开放性和景观的渗透。开放式的体育场，外立面高度通透，大部分的观众座席布置在视线最佳的西侧看台，拥有观看比赛和遥望远处海景以及公园内其他景色的绝佳视野。体育场的罩棚采用空间索桁体系覆盖PTFE膜材，和月牙形建筑形式有机的结合，达到力与美的高度统一。

项目概况

项目名称：乐清市体育中心

建设地点：浙江乐清

建筑面积：60792m²

建筑规模：22698座

设计时间：2009年

建成时间：2014年

设计单位：悉地国际设计顾问（深圳）有限公司

结构形式：混凝土框架结构+空间索桁钢结构

所获奖项：2014年中国钢结构协会科学技术奖

　　　　　2015年国家优质工程奖

　　　　　2016年优秀建筑结构设计一等奖

第十三届全国冬季运动会冰上运动中心

Ice-Sports Center of the 13th National Winter Games

哈尔滨工业大学建筑设计研究院

项目简介

本工程是我国目前规模最大的冰上运动建筑综合体，由速滑馆、冰球馆、冰壶馆及媒体中心、运动员公寓等功能组成。设计从新疆的自然环境与历史文脉切入，以天山雪莲与丝绸之路为创作主题，将体育建筑与自然景观有机融合，体现了鲜明的当代体育建筑地域特色，塑造了丝路花谷的建筑群体意向。设计通过优化建筑形体实现节能降耗，采用围合式的建筑布局抵御冷风侵袭，利用高效导风的流线形屋盖形态减小屋面雪荷载。功能布局与交通流线充分考虑各建筑单体之间的便利联系以及赛事的合理组织，提供了灵活的赛时及赛后空间环境，创造多样化的活动空间。在建筑、结构、设备、材料等方面充分应用四新技术，致力于实现本项目的绿色建筑目标。

项目概况

项目名称：第十三届全国冬季运动会冰上运动中心

建设地点：新疆乌鲁木齐

设计时间：2012年

建成时间：2014年

建筑面积：42000m²

设计单位：哈尔滨工业大学建筑设计研究院

结构形式：大跨度预应力张弦结构体系（速度滑冰馆）

　　　　　双层双曲网壳结构（冰球馆）

　　　　　螺栓球曲板网架结构（冰壶馆）

所获奖项：2013年度蓝星杯·第七届中国威海国际建筑设计大奖赛优秀奖

　　　　　2014年度黑龙江省优秀建筑设计方案一等奖

　　　　　2016年度黑龙江省优秀工程设计一等奖

　　　　　2017年度全国优秀工程勘察设计行业奖优秀建筑工程设计一等奖

　　　　　2017—2018建筑设计奖暖通空调专业一等奖

　　　　　2017—2018建筑设计奖结构专业三等奖

重要赛事：2016年第十三届全国冬季运动会

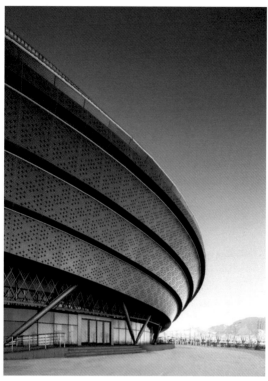

东莞市长安镇体育公园体育馆

Dongguan Changan Gymnasium in Changan Sports Park

华南理工大学建筑设计研究院有限公司

项目简介

长安体育馆作为东莞长安镇标志性建筑，建成后将成为东莞长安镇高级别体育比赛，业余体育队训练，群众体育锻炼，以及文艺演出的多功能文体活动场所。

方案采用多馆合一的集约方式，利用平台下部空间和海螺形屋面设置武术馆、乒乓球馆、射击馆以及热身馆；而在大型比赛或文艺汇演时，这些用房也可以作为辅助用房供赛事或演出使用。做到赛时和平时综合利用，使体育馆空间得到最大化利用。

造型上通过采用螺旋的平面将大小不一的体育功能空间统一为一个整体，由内而外进行，由旋转放大的功能平面、继而生成独特的海螺造型。

项目概况

项目名称：东莞市长安镇体育公园体育馆

建设地点：广东东莞

设计时间：2009年

建成时间：2014年

建筑面积：22991m²

设计单位：华南理工大学建筑设计研究院有限公司

结构形式：单层网壳钢结构

所获奖项：2016年广东省注册建筑师协会第八次优秀建筑佳作奖
2017—2018年中国建筑设计奖建筑创作银奖

重要赛事：长安镇第五届运动会开幕式、闭幕式
美国职业摔角冠军表演争霸赛
2015年关爱小候鸟荧光跑
2016年长安镇迎春迷你马拉松

淮安体育中心

Huaian City, Jiangsu Province
Sports Center

华南理工大学建筑设计研究院有限公司

项目简介

淮安体育场位于江苏省淮安市体育中心，其功能定位为"多功能综合性中型体育场"，是淮安体育中心的核心标志性建筑。总体规划采取"体育中心建筑布局街区化"策略。体育场与室外训练场地集中布置在体育中心地块的东北部和主题广场区周边，形成面向周边街区开敞的公共空间，是体育中心"一核、一带、三组团"空间布局结构中的核心。

淮安在中国古运河文化时代，是一个重要的交通枢纽。在体育场建筑形象构思上，我们抽象出"运河文化"中最重要的运输工具"船"的一些形象要素，例如拉索、帆等，以此对城市历史有所回应。

项目概况

项目名称：淮安体育中心

建设地点：江苏淮安

设计时间：2009年

建成时间：2014年

建筑面积：157450m²

设计单位：华南理工大学建筑设计研究院有限公司

结构形式：钢筋混凝土+钢结构

所获奖项：2015年教育部优秀规划设计二等奖
　　　　　2017年广东优秀工程勘察设计二等奖
　　　　　2017年全国优秀工程勘察设计行业奖一等奖
　　　　　2017—2018年中国建筑设计奖建筑创作金奖

重要赛事：2014年江苏省第十八届运动会的主要赛事场馆

山东济宁奥体中心
Shandong Jining Olympic Sports Center

同济大学建筑设计研究院（集团）有限公司

项目简介

山东济宁奥体中心由30000座体育场、7000座体育馆、2000座的游泳跳水馆和2500座射击射箭馆组成，承接了山东省第二十三届运动会开幕式及各类主要比赛。在形象塑造上，以宝石为寓意，以块面元素塑造建筑形象，力图体现体育建筑的力量和山东的地域个性。体育场、体育馆、游泳馆、射击馆分别以钻石、红宝石、蓝宝石和黄宝石为主题，结合各场馆的项目特点，在材料选用和色彩搭配上及细部处理上各具特色。在总体布局上，三个馆以体育场为中心呈放射状设置，场馆之间形成了多个梯形空间，每个空间结合景观绿化，设计了不同的植物花卉、体育雕塑、健身场地及水景，使体育中心更具体育公园的氛围和特色。体育馆不对称的观众厅平面设计，为多功能使用创造了良好的条件。

项目概况

项目名称：山东济宁奥体中心

建设地点：山东济宁

设计时间：2011年

建成时间：2014年

建筑面积：154566m²

设计单位：同济大学建筑设计研究院（集团）有限公司
　　　　　斯构莫尼建筑设计咨询（上海）有限公司
　　　　　罗昂建筑设计咨询有限公司

结构形式：钢筋混凝土+钢结构

所获奖项：2017年全国优秀工程勘察设计奖二等奖

重要赛事：2014年山东省第二十三届运动会

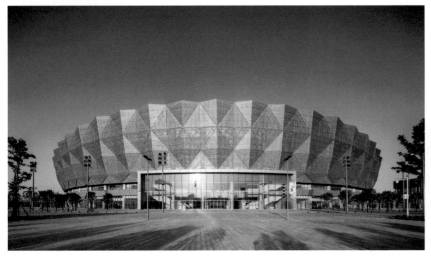

遂
宁
市
体
育
中
心

Suining City Sports Center

同济大学建筑设计研究院（集团）有限公司

项目简介

遂宁是国家有关部门命名的两个观音故里之一，遂宁市体育中心就位于河东区美丽的观音湖畔。在设计构思中充分考虑了基地特点和景观环境，将体育场和游泳馆组合成一个整体形象，既节省了用地，又丰富了建筑形象，建筑造型流畅、自然，充满了动感和活力，犹如观音的长袖轻轻地舞动，抚摸着大地。将体育场南面空间打开，使体育场内部空间面向观音湖，实现了建筑与自然的融合、人工与天然的融合，让观众在体育场不同高度和角度欣赏到观音湖的美景，别有一番感受。在功能设置上体育中心具有良好的多功能性，可承办省级综合性运动会、全国性单项比赛，同时具备休闲娱乐、旅游服务等配套功能，真正成为集竞技赛事、全民健身、文化娱乐、休闲旅游、经贸商展及大型文艺演出为一体的综合性体育公园。

项目概况

项目名称：遂宁市体育中心

建设地点：四川遂宁

设计时间：2010年

建成时间：2014年

建筑面积：79190m²

设计单位：同济大学建筑设计研究院（集团）有限公司

结构形式：钢筋混凝土+钢结构

所获奖项：2015年上海市优秀工程设计奖一等奖
　　　　　2017年全国优秀工程勘察设计奖二等奖

重要赛事：2014年四川省第十二届运动会

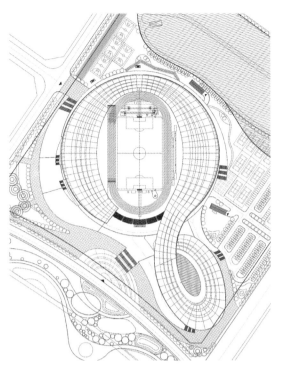

体育场总平面图

连云港体育中心
Lianyungang Sports Center

同济大学建筑设计研究院（集团）有限公司

项目简介

有着"东海第一胜境"之称的城市——连云港，其独特的城市风貌和旅游景观，造就了山、海、岛、港相得益彰。设计立意为"三足鼎立，海纳百川"，整个体育中心以主体育场为核心，其他三馆形成三足鼎立之势，各条道路全部汇聚于基地中心的主体育场，共同烘托体育场的雄伟。国内首创圆形不对称的观众厅平面设计，为多功能使用制造了良好的条件，场地除可进行多种比赛外，还可横排3片篮球场，作为练习。在进行集会和演出时，可利用北部的训练馆，以满足观演效果。结合特殊的基地形状和建筑布局，设计了以水面，大片绿化为主的生态环境，水与绿相接，绿与建筑相连，形成了建筑与环境巧妙结合，建筑生长在环境之中的大型体育休闲公园。

项目概况

项目名称：连云港体育中心

建设地点：江苏连云港

设计时间：2010年

建成时间：2014年

建筑面积：10515m²

设计单位：同济大学建筑设计研究院（集团）有限公司

结构形式：钢筋混凝土+钢结构

所获奖项：2015年上海市优秀工程设计奖一等奖
2017年全国优秀工程勘察设计奖二等奖

重要赛事：2006年江苏省第十六届运动会

江湾体育场保护与修缮工程

Jiangwan Stadium

同济大学建筑设计研究院（集团）有限公司

项目简介

上海市江湾体育场建于1935年，是当时远东规模最大、设施最先进的特大型综合性体育建筑群，1989年被公布为上海市文物保护单位。工程全过程通过对三大文物建筑（运动场、体育馆、游泳池）全面、严谨与科学的保护与修缮，全面完整地保护和延续文化遗产的全面价值；并结合建筑功能、流线和更高标准的使用需求进行全面更新与提升，运动场建设成集体育运动、体育博物馆与体育休闲商业为一体的综合体，体育馆建设成为以国际武术中心为主的综合性中型体育馆，游泳池通过谨慎而巧妙的加顶，建设成为先进的温水水上运动休闲中心。以国际文物保护学界通行标准严格贯彻"遗产价值与'原真性'评估——全面的保护策略——各部分的严格干预措施"贯穿工程全过程。所有的决策都经过回到"价值判断"的起点进行评估的过程，决策置于"由因而果"的理性的轨道上。

项目概况

项目名称：江湾体育场保护与修缮工程

建设地点：上海

设计时间：2010年

建成时间：2014年

建筑面积：79190m²

设计单位：同济大学建筑设计研究院（集团）有限公司

结构形式：钢筋混凝土+钢结构

所获奖项：2009年上海市优秀工程设计奖一等奖

重要赛事：1997年第八届全运会

福州海峡奥林匹克体育中心

Haixia Olympic Sports Center, Fuzhou

悉地国际设计顾问（深圳）有限公司

项目简介

福州海峡奥林匹克体育中心占地73.3公顷，由60000座主体育场、13000座体育馆、4000座游泳馆以及总计9600座的网球中心组成，承办了2015年第一届全国青年运动会。

规划采用场馆分区布局，以取得主体育场和三馆在整体建筑尺度上的平衡和端庄，观众平台连接场馆，分流赛时观众和持证官员，以保证大赛的运行管理，同时赛后平台结合运营用房，为场馆预留平赛结合的可持续发展空间。

场馆建筑设计以海洋为主题，通过参数化的手段抽象海螺形态，新颖的褶皱表皮形式和半透明的金属立面，丰富了建筑的造型和光影，当夜幕降临，灯光开启，更平添神秘魅力。

项目概况

项目名称：福州海峡奥林匹克体育中心

建设地点：福建福州

建筑面积：119772m²（一场两馆一中心）

建筑规模：80000座（一场两馆一中心）

设计时间：2010年

建成时间：2015年

设计单位：悉地国际设计顾问（深圳）有限公司

结构形式：混凝土框架结构+空间管桁架钢结构

所获奖项：2013年全国人居经典建筑规划设计方案竞赛建筑金奖
　　　　　2014—2015年度中国建设工程鲁班奖
　　　　　2015年第九届全国优秀建筑结构设计二等奖

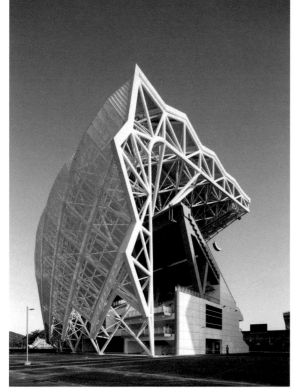

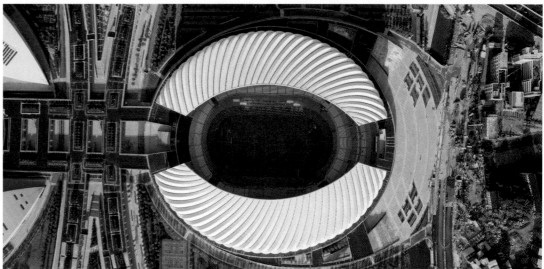

珠海横琴国际网球中心一期

Zhuhai Hengqin International
Tennis Center Phase 1

北京市建筑设计研究有限公司、POPULOUS设计事务所

项目简介

网球中心承办了珠海WTA超级精英赛。该项目布局清晰，功能合理，设计手法简洁明快。双首层设计有效地实现了不同人流的分流。项目的一期、二期通过大型平台形成了统一的整体。平台下设置了大面积车库、赛事用房餐厅及配套机电设施等。屋盖为箱形梁组合张弦梁结构。建筑设计响应当地气候，半围合室外赛场未设置集中空调，为提高观众体感舒适度同时满足新风需求，在网球中心底部、中部及上部设置了大面积通风走廊，利用冷热空气对流循环增强建筑内部的空气流通。项目具备举办国际顶级网球赛事、专业训练、网球教育、培训、交流的能力。

项目概况

项目名称：珠海横琴国际网球中心一期

建设地点：广东珠海

设计时间：2014年

建成时间：2015年

用地面积：47959m²

设计单位：北京市建筑设计研究院有限公司
　　　　　POPULOUS设计事务所

结构形式：框架-剪力墙结构

所获奖项：2017年北京市优秀工程勘察设计奖综合奖（公共建筑）一等奖
　　　　　2017年北京市优秀工程勘察设计奖专项奖（建筑结构）三等奖
　　　　　2017年度全国优秀工程勘察设计行业奖优秀建筑工程设计三等奖

重要赛事：珠海WTA超级精英赛

宣城市体育中心体育馆

Xuancheng Sports Center Gymnasium

哈尔滨工业大学建筑设计研究院

项目简介

宣城市体育中心体育馆获黑龙江省优秀建筑设计方案二等奖、黑龙江省优秀工程设计一等奖。该馆为体育中心的核心建筑。体育中心占地101.87公顷，包含一场二馆、全民健身中心、体育学校及自然山体公园。该体育馆内部比赛场地为40m×70m。通过活动座席数量与场地灵活组合，满足多元功能使用需求。屋面结构由网架与拉索结构组成的内环和再分式交叉桁架型网架组成的外环共同构成。编织式建筑形体契合结构选型。基于地域气候和经济条件，通过自然通风和天然采光等营造全寿命周期健康适宜的体育环境，空间肌理彰显地域特色。2016年成为全国男子篮球联赛（NBL）东部陆军队主场，提升了宣城的知名度。

项目概况

项目名称：宣城市体育中心体育馆

建设地点：安徽宣城

设计时间：2010—2012年

建成时间：2015年

建筑面积：20628m²

设计单位：哈尔滨工业大学建筑设计研究院

结构形式：钢筋混凝土+钢结构

所获奖项：黑龙江省优秀建筑设计方案二等奖

黑龙江省优秀工程设计一等奖

普湾新区体育场

Puwan New District Stadium

哈尔滨工业大学建筑设计研究院

项目简介

普湾新区体育场造型设计现代，通过硬朗"山石"的建筑造型，充分体现了体育建筑力与美的结合。体育场外饰面材料选用穿孔金属板，通过斜向的划分，顺应整体形态，通过孔率的变化，加强立面凹凸，从而强调顽石的立意。金属铝板自洁性及耐久性都相对较高，为使用方后期的维护降低了难度。罩棚结构采用了空间桁架结构体系，为了保证外立面"山石"形态的呈现，主桁架随着建筑的外形改变形态，依据立面的凹凸关系确定自己的转折点，使得罩棚内部结构也随着外部的形态关系发生韵律性的改变，使得内部空间也更具有逻辑性。景观契合山刚水柔这一主题，提出"水波涟漪"这一概念。总体景观定义为水，体育场这一"顽石"落入水中，激起涟漪，在平面上化为一道柔美的曲线，围绕在体育场周围，结合功能需要，穿起各个景观节点，统一有序。

项目概况

项目名称：普湾新区体育场

建设地点：辽宁大连

设计时间：2011年

建成时间：2015年

建筑面积：120000m²

设计单位：哈尔滨工业大学建筑设计研究院

结构形式：框架结构

所获奖项：2014年度黑龙江省优秀建筑设计方案三等奖
　　　　　2017年度黑龙江省优秀工程勘察设计一等奖

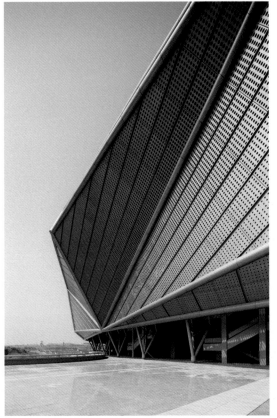

吉林市全民健身中心体育馆

Jilin National Fitness Center Gymnasium

天作建筑研究院

项目简介

本工程是既有建筑改造/加建工程，原项目为吉林市万人体育馆，2003年混凝土工程已经完成，通过屋盖钢结构形式选择和竖向支撑体系选择完成改造。改建后观众座席数为11247席（其中固定座席8377席，活动座席2870席），能够进行冰球比赛。

建筑外部整体形态以地域自然文化特征作为出发点，从城市区域设计的角度引导单体设计，形成城市未来发展的肌理框架。设计构思是将平地而起的建筑融合于大地之上，淡化建筑的体量感，弱化建筑立面和屋顶的分界线。建成后的建筑形态与广袤的大地、微微起伏的山峦、缓缓而流的水波之间形成融合，使城市的地域因素成为建筑形态的创作基因。

项目概况

项目名称：吉林市全民健身中心体育馆

建设地点：吉林吉林

设计时间：2013年

建成时间：2015年

建筑面积：33380m²

设计单位：天作建筑研究院
　　　　　沈阳建筑大学建筑设计研究院

结构形式：钢筋混凝土+钢结构空间桁架

所获奖项：2018年度辽宁省优秀工程勘察设计一等奖
　　　　　2017年沈阳市优秀工程设计一等奖
　　　　　2017辽宁省优秀建筑科技创新奖

重要赛事：2015年第二十四届金鸡百花电影节开幕式
　　　　　2015—2016赛季CBA吉林东北虎男篮主场
　　　　　2017—2018"VHL"俄罗斯超级冰球联赛

总平面图

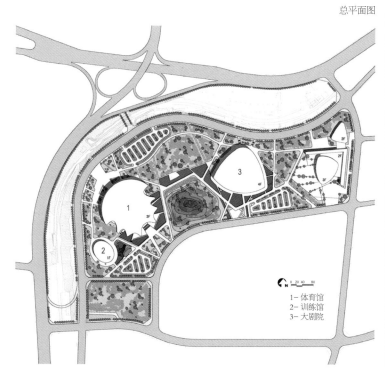

1- 体育馆
2- 训练馆
3- 大剧院

六盘水师范学院体育馆

Liupanshui Normal College Gymnasium

中国建筑西南设计研究院有限公司

项目简介

体育馆位于国家4A级明湖湿地公园中，处理好建筑与环境的关系是本项目的设计重点。因此在设计中提出了"生态绿色，和谐共生"的设计理念。将体育馆主体塑造成一朵出淤泥而不染的莲花，斜坡绿化的基座如浮于水面的莲叶，通过在体量、形态、材质等方面的控制，使建筑很好地融入环境，互为借景，相得益彰。主要看台沿场地长边布置，观众视线质量优越。在满足视线分析、场地净空、结构选型、音响灯具安装等要求上尽可能地压缩建筑体量，降低观众厅空调能耗，减少庞大体量对周边环境产生的不良影响。

项目概况

项目名称：六盘水师范学院体育馆

建设地点：贵州六盘水

设计时间：2013年

建成时间：2015年

建筑面积：11971m²

设计单位：中国建筑西南设计研究院有限公司

结构形式：钢筋混凝土+钢桁架结构

所获奖项：2017年四川省工程勘察设计一等奖

鄂尔多斯市体育中心

Ordos Sports Center

中国建筑设计研究院有限公司

项目简介

鄂尔多斯市体育中心由体育场、体育馆和游泳馆三个场馆组成。建筑形态通过"巨柱"结构的疏密排布使造型在意向上呈现连续、扭结的空间形态，传达出"蒙古摔跤"的喻意，体现了建筑文化的地域性。

体育场的入口借鉴了蒙古包"套脑"的空间特色，在上方开了超尺度的采光圆洞。为实现这一空间形式，设计者通过结构技术取消此处的巨柱，并结合仪式性坡道，共同构成了宏大、庄重的仪式性入口空间。座椅以绿色为主，深绿、浅绿合理排布，视觉上延续了绿色的运动场地，形成了一望无际、生机勃勃的草原意象。如彩色飘带般的观景平台高低错落，犹如摔跤时勇士们身上各色飞舞的飘带。主广场上，以"马头琴"抽象变形而成的主体雕塑，如一架连接时空的桥梁，从草原穿梭而来，体现了少数民族豪放、热情、能歌善舞、坚忍不拔的群体特征。

项目概况

项目名称：鄂尔多斯市体育中心

建设地点：内蒙古鄂尔多斯

建筑面积：259000m²

建筑规模：体育场60000座，体育馆10000座，游泳馆4000座

设计时间：2009年

建成时间：2014年

重要赛事：第十届少数民族传统体育运动会

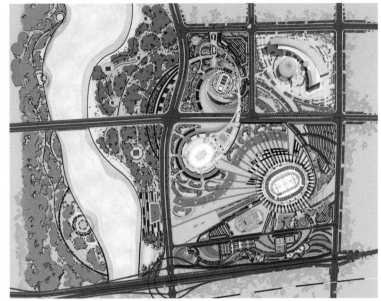

总平面图

天津大学新校区综合体育馆
体育馆

Gymasium of Tianjin University New Campus

中国建筑设计研究院有限公司

项目简介

天津大学新校区综合体育馆位于校前区北侧，包含室内体育活动中心和游泳馆两部分，以一条跨街的大型缓拱形廊桥将两者的公共空间串通为一个整体，并形成环抱式的入口广场。各类室内运动场地依其对平面尺寸、净空高度及使用方式的不同要求，紧凑排列，并以线性公共空间叠加、串联为一个整体，不仅增强了整个室内空间的开放性和运动氛围，而且天然造就了错落多样的建筑檐口高度。公共大厅屋面采用了波浪形渐变的直纹曲面形屋面（空心密肋屋盖结构），其东侧为长达140m的室内跑道。运动场地空间的屋顶和外墙，使用了一系列直纹曲面、筒拱及锥形曲面的钢筋混凝土结构，带来大跨度空间和高侧窗采光，在内明露木模混凝土筑造肌理，在外形成沉静而多变的建筑轮廓，达到建筑结构、空间与形式完美统一的结果。外部材料主要采用清水混凝土饰面结合具有天津大学老校区特色的深棕红色页岩砖拼贴饰面。

项目概况

项目名称：天津大学新校区综合体育馆

建设地点：天津

建筑面积：33950m²

设计时间：2012年

建成时间：2015年

所获奖项：2017年全国优秀工程设计行业奖一等奖

2018年中国建筑设计奖建筑设计金奖、建筑结构一等奖

2017年北京市优秀工程设计奖一等奖

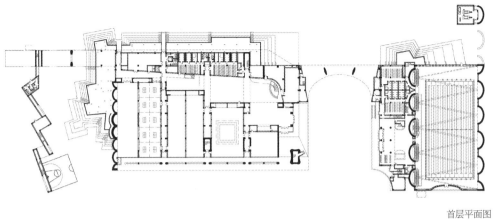

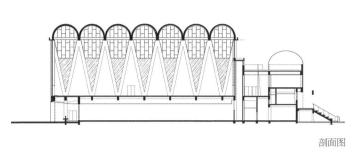

首层平面图

剖面图

操场

东北大学浑南校区风雨

Gymnasium Of Hunnan Campus, Northeastern University

哈尔滨工业大学建筑设计研究院

项目简介

东北大学浑南新校区风雨操场位于规划分区的生活圈内，是校园中承载学生活动功能的主要建筑，包含教学、训练及课余体育活动等功能。整体规划布局延续了校园文化的规划特征，充分利用地形，以大气、自然、纯粹、亲和的品质与环境共生。建筑体量用均衡而富有动势的形式体现出规划结构边缘空间与城市过渡空间的特征，并用斜坡的处理方式，使之与南侧的教学楼之间形成了一个较大的缓冲空间。

建筑造型以整体的伸展和变形，创造出具有张力和升腾感的完整形态，犹如盘旋上升的游龙，又如蓄势待发的鹰翼，一气呵成，简洁大气。上部实体和下部轻盈通透玻璃幕的对比为建筑增加了漂浮感，又以谦虚而又独具特色的形式与周边环境接轨。方案西侧建筑坡顶设计了种植屋面，起到防水、保温、隔热和生态环保的作用，改善校园环境面貌。

项目概况

项目名称：东北大学浑南校区风雨操场

建设地点：辽宁沈阳

设计时间：2012年

建成时间：2016年

建筑面积：17000m²

设计单位：哈尔滨工业大学建筑设计研究院

结构形式：正交网架结构

所获奖项：2018年黑龙江省优秀工程勘察设计一等奖

青白江区文化体育中心
Qingbaijiang District Cultural and Sports Center

中国建筑西南设计研究院有限公司

项目简介

项目集文化中心、体育中心和城市公园为一体，布局后退城市道路约70m，使得整个建筑坐落在公园之中，为城市提供绿色、生态的城市空间。整体采用"化零为整"的策略，根据动静分区、独立且又联系的原则，做到节约高效，资源共享。引入"体育综合体"的经济策略，多功能运动场采用54m×34m的场地尺寸，可提比赛、训练、会议、演出、健身等多种活动方式，兼顾平时和赛时需求。

建筑造型设计曲线流动，舒展的形体又隐喻了一只展翅腾飞的凤凰，与"凤凰大道"及东侧的"凤凰湖"所暗涵的文化意蕴相得益彰，体现了文体中心所具有的文化与艺术气息。

项目概况

项目名称：青白江区文化体育中心

建设地点：四川成都

设计时间：2013年

建成时间：2016年

建筑面积：105000m²

设计单位：中国建筑西南设计研究院有限公司

结构形式：钢筋混凝土+钢桁架结构

所获奖项：2017年四川省工程勘察设计一等奖

重要赛事：2016年成都市第十三届运动会

同济大学嘉定校区体育馆
Tongji University Jiading Campus Gymasium

同济大学建筑设计研究院（集团）有限公司

项目简介

同济大学嘉定校区体育馆由体育馆、游泳馆、训练馆和体育场看台组成。其中游泳馆是我国第一座屋盖与墙面一起可开闭游泳馆，游泳馆可一年四季使用，开启屋面使夏季不用空调，同时带来了自然采光与通风，开启后内部空间也与室外景观有了较好的互动，创造了雅致和谐的氛围。游泳馆50m长泳池通过设施的变化可分成两个25m长泳池，满足了不同使用的需求。体育馆屋面结构采用张悬梁拉体系，设计中巧妙地将采用的导光管节能技术的76根导光管插入张悬梁拉结构的垂直撑杆中，实现了建筑、结构、室内、设备一体化设计。体育馆东立面与体育场看台联动设计，体育馆屋面的出挑成为体育场看台的雨篷。整体建筑造型高低有致，错落变化，显得轻松自如，又充满活力，体现了学校体育建筑特点。

项目概况

项目名称：同济大学嘉定校区体育馆
建设地点：上海嘉定
设计时间：2014年
建成时间：2017年
建筑面积：116809m²
设计单位：同济大学建筑设计研究院（集团）有限公司
结构形式：钢筋混凝土+钢结构

杭州奥体博览城主体育场

Hangzhou Sports & Expo Center Main Stadium

悉地国际设计顾问（深圳）有限公司

项目简介

杭州奥体博览城坐落于钱塘江东岸，建设体育中心、博览中心、地铁上盖物业、地下配套设施等近270万m²，形成高度复合的体育博览综合体。

2016年杭州G20峰会在博览中心举行，2018年世界短池游泳锦标赛在网球中心举行，2022年，第十九届亚运会即将在杭州奥体博览城举行。

规划设计以杭州的城市特征和文脉气质出发，以绿色为基调，丝绸文化为骨架，强调建筑与场地互相挤压产生的动感形态和空间层次；建筑以和而不同的手法拟莲花意象，形成大小莲花绽放于钱塘江边的场景，相映成趣。其中网球中心的可开启屋面设计，实现了场馆全天候、多功能使用。

项目概况

项目名称：杭州奥体博览城主体育场

建设地点：浙江杭州

建筑面积：主体育场212310m²，网球中心决赛场27448m²

建筑规模：主体育场80011座，网球中心决赛场10177座

设计时间：2008年

建成时间：2018年

设计单位：悉地国际设计顾问（深圳）有限公司

合作单位：NBBJ

结构形式：混凝土框架结构+空间管桁架钢结构

所获奖项：2017—2018年中国建筑学会建筑设计奖结构专业三等奖

华熙 LIVE 鱼洞体育馆

Huaxi Live Yudong Gymasium

北京市建筑设计研究院有限公司

项目简介

体育馆是西南地区最大的体育馆，可容纳16000座，满足国际顶级赛事和高端演出要求，并是西南地区首个国际标准冰球比赛场体育馆。可承接全国性比赛和单项国际比赛，包括冰球、CBA联赛、国际级篮球比赛及NBA季前赛等一系列高规格体育赛事，内场可以在6小时之内实现冰球场和篮球场的转换。

体育馆为满足体育比赛、训练、群众体育、文艺娱乐、演艺演出、社会团体集会等需求的区域标志性建筑。外部设有大量商业设施，在服务赛事及演出等活动的同时服务周边社区居民，成为城市建设的引擎和助推器，带动西部文化体育产业的发展。

项目概况

项目名称：华熙LIVE鱼洞体育馆

建设地点：重庆

设计时间：2015年

建成时间：2018年

建筑面积：115410m²

设计单位：北京市建筑设计研究院有限公司

结构形式：现浇钢筋混凝土框架-剪力墙、屋盖钢结构

肇庆新区体育中心

Zhaoqing New District Sports Center

广东省建筑设计研究院

项目简介

肇庆新区体育中心是第十五届广东省运会开闭幕式场馆，广东省第一个专业足球场馆。项目以"砚生水墨"为理念，建筑造型流畅，与当地山水环境和谐共生。专业足球场屋顶向河岸展开，观众能够饱览河岸景色。城市客厅花篮形屋顶联系场馆，创造了适应岭南气候的积极的城市公共空间。建筑结构一体化设计，体育馆弦支穹顶结构跨度达108m，结构轻巧。场馆外围V形柱设计，创造连贯、统一的建筑立面形象。场馆屋面率先采用不锈钢连续焊缝屋面系统，是当时全国已建成面积最大的该类型屋面系统项目。泛光设计以"水墨星河"为理念，星点灯光在河面形成倒影，创造了令人印象深刻的体育场馆。体育馆、专业足球场与足球公园一体化设计，与河岸绿堤联系紧密，功能互补。足球公园提供各类运动场地及各年龄段活动场所，打造市民健身及休闲活动中心。

项目概况

项目名称：肇庆新区体育中心

建设地点：广东肇庆

设计时间：2015年

建成时间：2018年

建筑面积：88049m²

设计单位：广东省建筑设计研究院

结构形式：体育馆及训练馆——钢筋混凝土+弦支穹顶屋盖
　　　　　专业足球场——钢筋混凝土+悬挑箱形梁屋盖
　　　　　城市客厅——单层网壳结构

所获奖项：第十一届广东省土木工程詹天佑故乡杯
　　　　　第十三届中国钢结构金奖

重要赛事：2018年第十五届广东省运动会
　　　　　2018年全国体操锦标赛暨亚运会选拔赛
　　　　　2019年全国体操锦标赛暨世锦赛选拔赛
　　　　　2019年国际体操联合会世界杯挑战赛（中国肇庆站）
　　　　　2020年全国体操锦标赛

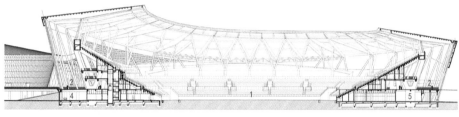

总平面图

1 专业足球场
2 体育馆
3 训练馆
4 室外停车场
5 足球公园
6 足球场热身场
7 服务中心
8 足球场热身场
9 足球训练场
10 篮球场
11 网球场
12 世界冠军林

专业足球场剖面图

体育馆训练馆剖面图

1 足球场比赛场地   5 足球博览馆
2 足球场观众大厅   6 体育馆观众大厅
3 二层平台   7 训练馆比赛场地
4 架空层   8 训练馆比赛场地

体育中心立面图 1

体育中心立面图 2

武汉大学大学生体育活动中心

Wuhan University Student Sports and Activity Center

华南理工大学建筑设计研究院有限公司

项目简介

本项目以校园传统建筑与空间形态为依据，充分演绎传统元素，取得与校园历史环境的呼应。

方案设计坚持可持续的建筑设计原则，考虑到高校体育馆多兼作大型集会及文娱表演场地的使用特点，采用U形座席布局方式。在体育馆功能设置上，强调多功能综合使用及赛后利用，内场可根据多种体育比赛需要进行灵活调整，满足室内网球、羽毛球、武术、击剑等比赛以及文艺演出要求。比赛功能用房和场地，赛事相关管理用房在赛后可以作为体育中心或者校园办公场所，也可向社会出租作为运营性用房使用，体现"以馆养馆"的原则。

项目概况

项目名称：武汉大学大学生体育活动中心

建设地点：湖北武汉

设计时间：2014年

建成时间：2018年

建筑面积：37200m²

设计单位：华南理工大学建筑设计研究院有限公司

结构形式：屋盖大跨+型网格立体共梁张弦结构

所获奖项：2018年卓越采光奖

重要赛事：2019年第七届世界军人运动会比赛场馆之一

苏州奥林匹克体育中心
Suzhou Olympic Sports Center

上海建筑设计研究院有限公司

项目简介

苏州奥林匹克体育中心位于苏州工业园区金鸡湖东核心区，包含体育场、体育馆、游泳馆、配套服务楼、中央地下车库五大功能，是集体育竞技、休闲健身、商业娱乐、文艺演出于一体的多功能、综合性的甲级体育中心。

项目注重推广运用先进技术、创新科技，确保工程项目的设计更加科学化、合理化、先进化，主要体现在以下几点：建筑造型构成数学意义上的逻辑规律，并以此作为各专项设计的支点；利用屋面收集天然雨水、设置热量收集系统及太阳能光伏电池供电系统。项目已获得国家绿色建筑三星认证及美国LEED金奖认证。

项目概况

项目名称：苏州奥林匹克体育中心

建设地点：江苏苏州

设计时间：2013年

建成时间：2018年

建筑面积：358000m²

设计单位：上海建筑设计研究院有限公司

合作单位：德国gmp建筑师事务所

结构形式：钢筋混凝土+钢结构

重要赛事：第一届冰壶世界杯赛场

咸阳职业技术学院
体育中心

Xianyang Vocational Technical College Sports Center

上海建筑设计研究院有限公司

项目简介

咸阳职业技术学院体育中心是陕西省第十六届运动会的比赛场馆和闭幕式场馆，未来还将作为陕西全运会的比赛场馆。体育中心体育馆、游泳馆具备符合全国单项体育比赛标准的场地和设施，适应竞赛需要，同时还能兼顾学院教学、大型文艺演出、集会、展览及群众性文体活动的需要。

体育馆、游泳馆平面采用镜像布置原则，两馆的主观众席都集中在建筑整体的中部区域，可以共享一个观众疏散平台，节约空间和用地。通过马蹄形三面围合式看台设计以及分隔两馆的活动隔墙与可移动式活动看台，实现两者的可分可合，可通可断，成为一个复合整体。

项目概况

项目名称：咸阳职业技术学院体育中心

建设地点：陕西咸阳

设计时间：2015年

建成时间：2018年

建筑面积：24475m²

设计单位：上海建筑设计研究院有限公司

结构形式：钢筋混凝土+钢结构

重要赛事：陕西省第十六届运动会赛场

北京市建筑设计研究院有限公司

国家速滑馆

National Speed Skating Oval

项目简介

国家速滑馆是2022年中国冬奥会唯一新建场馆。建成后可用于冰球、冰壶、大道速滑项目，赛后将对市民开放，既为运动员提供训练场地也满足市民冬季运动的需求。

设计理念来自于一个冰和速度结合的创意，沿着外墙曲面由低到高盘旋而成的22条"冰丝带"象征着2022年北京冬奥会。"冰丝带"由晶莹剔透的超白玻璃彩釉印刷，营造出轻盈飘逸的丝带效果。为了在赛后实现速度滑冰、短道速滑、花样滑冰、冰球等所有冰上运动的全覆盖，更多地为民众提供更大的冰上活动空间，特别采用了全冰面设计，12000m²的冰面创造了亚洲之最。

项目概况

项目名称：国家速滑馆

建设地点：北京

设计时间：2016年

拟建成时间：2020年

建筑面积：80000m²

设计单位：北京市建筑设计研究院有限公司

结构形式：钢结构

重要赛事：2022年北京冬奥会

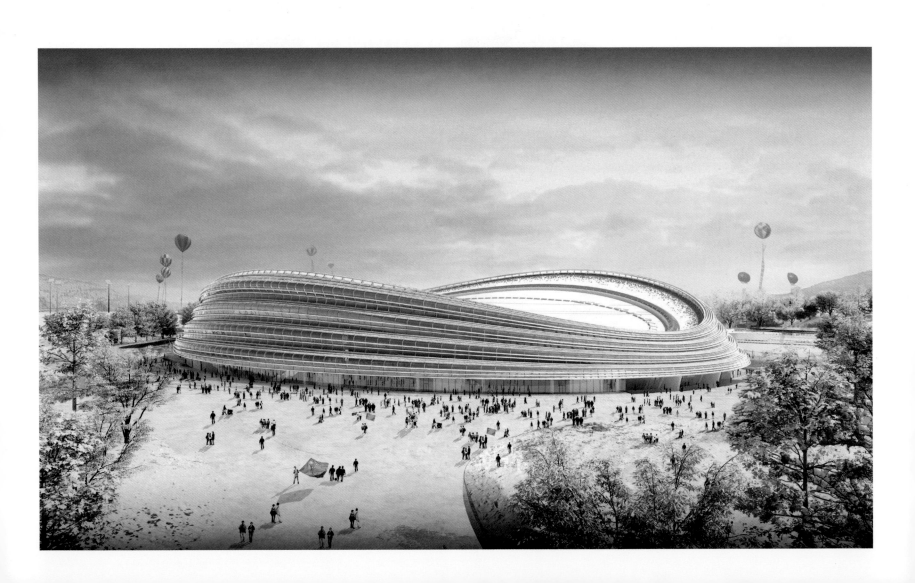

Building Cluster for 2022 Beijing Olympic and Paralympic Winter Games

2022年北京冬奥会与冬残奥会建筑组团

清华大学建筑设计研究院有限公司

项目简介

国家跳台滑雪中心占地62.5公顷，规划建设大跳台（HS140）、标准台（HS106）2条赛道，承担跳台滑雪男子个人标准台、女子个人标准台、男子个人大跳台、男子团体大跳台、跳台滑雪混合团体（新增）5个小项的比赛，还和国家越野滑雪中心共同进行北欧两项的3个小项比赛。

此次设计充分利用了跳台本身的S形曲线，在顶部增加了一个顶峰俱乐部。这就使得底部和体育场看台的连接很自然地形成了中国的传统文化物件——如意的形象。

利用这个跳台的S曲线即赛道剖面的S线和中国古代文化如意的S曲线，形成一种对冬奥赛事独到的中国文化表达。

项目概况

项目名称：国家跳台滑雪中心

建设地点：河北

设计/建成时间：2016—2020年

设计单位：清华大学建筑设计研究院有限公司

重要赛事：2022年北京冬奥会与冬残奥会

2022 年北京冬奥会与
冬残奥会建筑组团

Building Cluster for 2022 Beijing
Olympic and Paralympic Winter Games

清华大学建筑设计研究院有限公司

项目简介

国家越野滑雪中心位于张家口奥林匹克体育公园东南侧山谷，在2022年北京冬奥会期间将承接越野滑雪及北欧两项滑雪两个项目的全部比赛，共有14块金牌在这里产生。

国家越野滑雪中心占地面积106.55公顷，中心建筑位于山谷中央狭长的平缓地带，建筑面积4800m²，在赛时主要服务赛事组织、技术官员和奥林匹克大家庭等功能，海拔1654.5m（±0.000m标高）。建筑南侧为丘陵状坡地，南高北低，竞赛赛道依托南侧坡地的设置，平均坡度约为20%，最高海拔约1722.2m，最低海拔约1635.5m，高差86.7m。

项目概况

项目名称：国家越野滑雪中心

建设地点：河北张家口

设计/建成时间：2016—2020年

建筑面积：4800m²

设计单位：清华大学建筑设计研究院有限公司

重要赛事：2022年北京冬奥会与冬残奥会

2022 年北京冬奥会与冬残奥会建筑组团

Building Cluster for 2022 Beijing Olympic and Paralympic Winter Games

清华大学建筑设计研究院有限公司

项目简介

国家冬季两项中心是2022年北京冬奥会张家口赛区的竞赛场馆，在冬奥会期间承办冬季两项赛事，在冬残奥会期间则承办冬季两项和越野滑雪两项赛事。它将成为我国举办国际顶级冬季两项赛事的运动场馆，促进冬季运动项目在中国广泛开展。

作为雪上项目的户外体育场馆，国家冬季两项中心由场馆赛场部分、各类功能的场院区以及技术楼组成。在设计中，充分考虑前后院流线的分流，并结合冬残奥会运动员特点对流线进行创新性优化设计；考虑可持续发展需求，奥运会赛后不需要的功能尽可能采用临时建筑；作为冬残奥会竞赛场馆，充分考虑无障碍设计要求。

项目概况

项目名称：国家冬季两项中心

建设地点：河北张家口

设计/建成时间：2017—2020年

建筑面积：6313m²

设计单位：清华大学建筑设计研究院有限公司

重要赛事：2022年北京冬奥会与冬残奥会

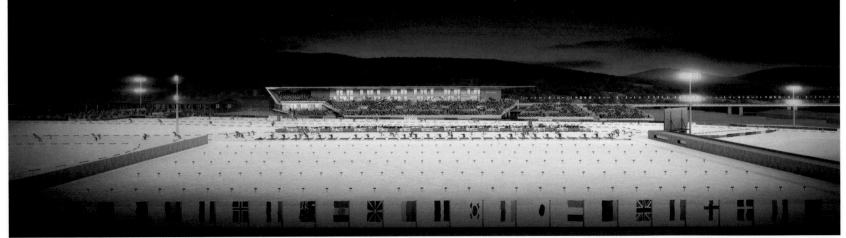

2022 年北京冬奥会与冬残奥会建筑组团

Building Cluster for 2022 Beijing Olympic and Paralympic Winter Games

清华大学建筑设计研究院有限公司

项目简介

首钢滑雪大跳台位于北京市石景山区首钢工业园区，大跳台占地面积约为5500m²，可容纳观众约6000人，将举办单板和自由式大跳台比赛，产生男子和女子项目金牌四枚。跳台总长度约170m，出发区高度48.6m，起跳点18m，结束区为-4m，总落差53m，造型最高点60m。

方案被赋予了敦煌飞天概念，表达飘逸感，一方面飞天曲线与单板大跳台本身运动曲线较为契合，而另一方面飞天汉字中的含义与英文Big Air一词，都有向空中腾跃飞翔意向，使中国传统元素、首钢工业遗产与当代冰雪运动完美结合，是世界首例永久保留和使用的单板滑雪大跳台。

项目概况

项目名称：首钢滑雪大跳台
建设地点：北京
设计/建成时间：2016—2020年
建筑面积：11000m²
设计单位：清华大学建筑设计研究院有限公司
重要赛事：2022年北京冬奥会与冬残奥会

2022 Beijing Olympic Winter Game
Yanqing Venues and Facilities

2022年北京冬季奥运会及冬残奥会延庆赛区场馆设施

中国建筑设计研究院有限公司

项目简介

延庆赛区核心区位于北京的小海坨山南麓，将建设国家高山滑雪中心、国家雪车雪橇中心、延庆冬奥村以及山地新闻中心4个场馆。国家高山滑雪中心2022年将承办北京冬奥会滑降、超级大回转、大回转、回转等极具挑战和观赏性的比赛项目。雪车雪橇中心将举办冬奥会有"雪上F1"之称的雪车雪橇比赛。

国家高山滑雪中心包括竞速、竞技赛道及训练道、高山集散广场、媒体转播区、山顶平台出发区，竞速、竞技结束区等，可提供8000个观众席位。雪车雪橇中心具有中国气质的场馆设计宛如一条游龙飞腾于山脊之上，若隐若现，嬉游于山林之间，同时根据赛道位于山地南坡情况，研发了人工地形气候保护系统，以确保赛时的温度恒定，并最大限度降低能耗。总观众席位数7500席。

项目概况

项目名称：2022年北京冬季奥运会及冬残奥会延庆赛区场馆设施

建设地点：北京

建筑规模：高山滑雪中心8000座，雪车雪橇中心7500座

设计时间：2016年

建成时间：2019年

设计单位：中国建筑设计研究院有限公司

合作单位：北京市市政工程设计研究总院有限公司
　　　　　加拿大伊克森山地景区规划有限公司
　　　　　德国戴勒有限责任公司

重要赛事：2022年北京冬季奥运会及冬残奥会

中国建筑设计研究院有限公司

项目简介

国家体育总局冬季运动训练馆总体造型紧凑圆润，立面线条源自运动员刻苦训练所产生的道道冰痕，旨在彰显冰上运动优美律动的视觉特征，因此得到了"冰坛"这一鲜活的称谓。

为适应北京城市核心区紧张的用地条件，设计团队创造性地将两块标准冰场竖向重叠布置。上层冰场是短道速滑、花样滑冰训练场地，场地长度约60m，宽度为30m，场地四周圆弧半径为8.5m；首层冰场为我国第一块标准冰壶训练场地，场地长度为44.5m，宽度为4.75m，将在赛后为国家冰壶队等三支冰上运动项目国家队提供驻训基地。

项目概况

项目名称：国家体育总局冬季运动训练馆

建设地点：北京

建筑面积：33000m²

设计时间：2010年

设计单位：中国建筑设计研究院有限公司

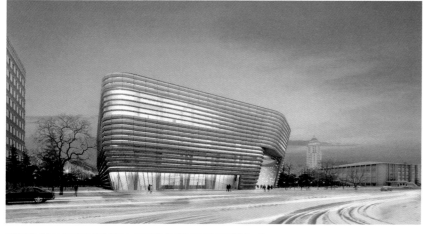

岳阳市体育中心体育馆
Yueyang Sports Center Gymnasium

哈尔滨工业大学建筑设计研究院

项目简介

岳阳市体育中心占地40.4公顷，设计以"五脉灵聚、龙腾献瑞"为设计理念，形成大气恢弘的体育中心整体景观体系，全方位诠释岳阳之自然与人文、历史与现代的精神气质及地域特色。体育馆依山就势，完整的形态诠释了"龙珠献瑞"的主题，成为整个体育中心的核心。体育馆总建筑面积22047m²，场地为76.8m×45m，共设置座席8452座。赛后通过功能改造，把赛时用房变为会议中心、棋牌康体中心、球类俱乐部、专卖店等商业娱乐用房，满足群众运动健身和休闲娱乐的需要，并可发挥其演艺中心的使用潜力。体育馆外形为螺旋式整体造型，类折板式的屋面形式采用放射状布置。横断面为三角形的钢桁架结构，应用新型节能环保建筑材料以及天然采光、自然通风等节能措施，体现了现代体育建筑轻巧、快速、高效的特点。

项目概况

项目名称：岳阳市体育中心体育馆
建设地点：湖南岳阳
设计时间：2009—2010年
建成时间：在建中
建筑面积：22047m²
设计单位：哈尔滨工业大学建筑设计研究院
结构形式：钢筋混凝土+钢结构

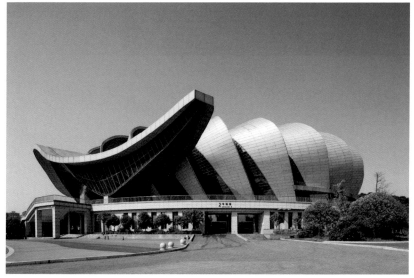

图书在版编目（CIP）数据

新中国体育建筑70年／中国体育科学学会中国建筑学会体育建
筑分会编. —北京：中国建筑工业出版社，2019.9
ISBN 978-7-112-23927-6

Ⅰ.①新… Ⅱ.①中… Ⅲ.①体育建筑－中国－现代－画册
Ⅳ.①TU245-64

中国版本图书馆CIP数据核字（2019）第127125号

　　本书是一部全面记录我国体育建筑成就的纪念性画册。
画册按初创时期（1949—1965）、曲折过渡时期（1966—
1977）、改革开放时期（1978—1989）、全面发展时期
（1990—1999）、快速建设时期（2000至今）五个时期展现新
中国70年来体育建筑的风采。

责任编辑：武晓涛
书籍设计：张悟静
责任校对：党　蕾

新中国体育建筑70年
中国体育科学学会中国建筑学会体育建筑分会　编
＊
中国建筑工业出版社出版、发行（北京海淀三里河路9号）
各地新华书店、建筑书店经销
北京锋尚制版有限公司制版
北京富诚彩色印刷有限公司印刷
＊
开本：787×1092毫米　1/12　印张：26⅔　插页：5　字数：251千字
2019年8月第一版　2019年8月第一次印刷
定价：330.00元
ISBN 978－7－112－23927－6
　　　（34236）

版权所有　翻印必究
如有印装质量问题，可寄本社退换
（邮政编码100037）